拾花录

缠花原创设计与手工制作技巧

蕉窗夜雨 著

人民邮电出版社

北 京

图书在版编目（CIP）数据

拾花录：缠花原创设计与手工制作技巧 / 蕉窗夜雨
著. -- 北京：人民邮电出版社，2024.7
ISBN 978-7-115-64114-4

Ⅰ．①拾… Ⅱ．①蕉… Ⅲ．①手工艺品－制作 Ⅳ．
①TS973.5

中国国家版本馆CIP数据核字(2024)第077872号

内 容 提 要

　　缠花是一项珍贵而又典雅的非遗手工技艺，本书将带领读者探索缠花手工制作的奥秘，创作出别出心裁的作品。

　　本书首先介绍缠花所需的常用材料和工具，确保读者在制作前有所准备；然后系统阐述缠花基础制作技巧（如基础花瓣、立体花瓣、曲边花瓣、叶片等多种部件的制作技巧和缠花染色、收尾等技巧）和极具作者个人特色的创意制作技巧（如金箔缠花、制作衬纱花瓣、镂空花瓣、辑珠花瓣等）；接着讲解11个缠花作品的具体设计思路和制作步骤；最后是作者的其他作品欣赏。

　　本书讲解系统，图文并茂，适合缠花手工爱好者阅读、使用。

◆ 著　　　　蕉窗夜雨
　　责任编辑　宋　倩
　　责任印制　周昇亮
◆ 人民邮电出版社出版发行　　北京市丰台区成寿寺路 11 号
　　邮编　100164　电子邮件　315@ptpress.com.cn
　　网址　https://www.ptpress.com.cn
　　北京九天鸿程印刷有限责任公司印刷
◆ 开本：690×970　1/16
　　印张：11　　　　　　　　　　2024 年 7 月第 1 版
　　字数：281 千字　　　　　　　2024 年 12 月北京第 2 次印刷

定价：79.80 元（附小册子）

读者服务热线：(010)81055296　印装质量热线：(010)81055316
反盗版热线：(010)81055315
广告经营许可证：京东市监广登字 20170147 号

目录

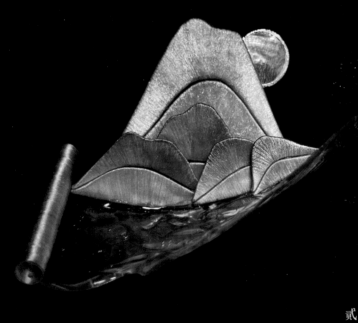

*含制作步骤

壹

缠花所用的材料及工具

一

常用的材料

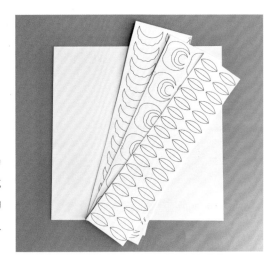

⬤ 卡纸

制作缠花需要使用厚卡纸，对其进行处理后作为花片的雏形与底托。一般使用350克的白卡纸或印刷好的卡纸。可以在白卡纸上自由画出需要的图形，增加缠花的多样性。印刷好的卡纸则可以直接剪下图形使用，更加方便。

⬤ 线

普通蚕丝线

需劈丝后使用，使用时不易滑线，制作出的花瓣光泽感好，是缠花制作中较为常用的一类线。

零捻蚕丝线

无须劈丝即可直接使用，制作出的花瓣光泽感好且纹路细腻。线的粗细适中，也可以用来组装缠花枝干。

紧捻蚕丝线

需劈丝后使用，制作出来的花瓣自带波纹效果。

渐变蚕丝线

由两种以上的颜色染制而成，制作出的花瓣自带渐变效果。

丝绒线

有轻微弹性，不易滑线，制作出的花瓣光泽柔和。除了用于制作花瓣外，也可用于组装缠花。

高亮绒线

制作出的花瓣光泽感强，适用于局部点缀。

幻彩金线

可以单独制作花瓣，也可以将单丝混入蚕丝线内用于制作缠花，使花瓣有微闪带金的效果。

珍珠线

用于制作串珠流苏。

弹力线

自带弹性，用于缠绕枝干、组装缠花。

⬡ 金属丝

彩色铜丝

用于对缠花进行点缀，如金边缠花、金属丝花蕊、颤枝等。

不锈钢软丝

韧性强，不易断，多用于制作花枝或加入枝干内部增加支撑力。制作缠花推荐选用0.3毫米直径软丝。

保色铜丝

软硬适中，易塑形，制作缠花时放置于卡纸底部作为支撑或用于塑形。一般缠花推荐使用0.4毫米直径铜丝，部分较小花瓣可以使用0.3毫米直径铜丝。铜丝的颜色有多种，可以根据需要选择。

铁丝

易塑形，且价格实惠，制作不外露金属丝款式的缠花时可以选用。

批花丝

自带闪金效果，硬度强，用于点缀缠花，如作为流苏的支撑或蝴蝶触须等。

⬡ 主体

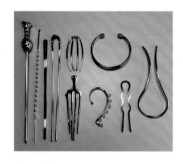

金属主体

一般选择有保色镀层的主体，根据缠花款式选用发簪、发钗、发梳、耳挂、胸针、发冠等。

其他材质主体

除金属主体外，也可以根据缠花的款式选择其他材质主体增加观赏性，如树脂主体，羊角主体、木簪、竹枝等。

日用品与摆件类主体

缠花除作为发饰外，也可以用于点缀日用品或制作为摆件，如团扇、帽子、画框等。

⬤ 颜料及画具

颜料用于给缠花染色，可以在制作好的花瓣上染出各类渐变色，增加缠花的美感。

珠光固体水彩
染出的缠花光泽感强，带有细闪效果，也可用于制作金边缠花。

酸性颜料
染出的花瓣光泽细腻，渐变自然。

夜光颜料
染出的花瓣自带夜光效果。

调色盘
用于缠花染色时颜料的晕染和混合。

画笔
用于缠花染色时的绘画与晕染。

走珠笔
用于在缠花成品上绘制纹路，如蝴蝶翅膀纹路、花瓣与叶脉纹路等。

金属油漆笔
用于点缀缠花成品，不易晕染，自带金属感。

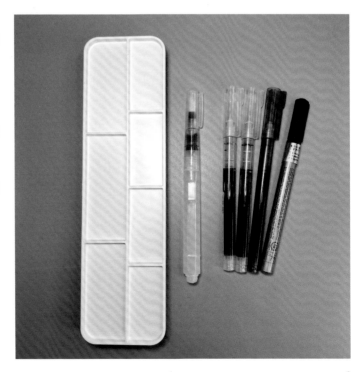

二

常用的工具

● 剪刀

翘头剪

用于剪出有弧度的图形，能使图形弧面更加圆滑。

直剪与尖头剪

用于裁剪各类图形与蚕丝线，是比较通用的剪刀。

迷你剪

用于剪出小型花瓣或图形细节。

● 钳子

塑头钳

用于缠花掐尖与枝干弧度调整，塑头部分能更好地防止丝线被夹坏。

平口钳

用于调整金属主体与配件。

圆嘴钳

用于制作缠花花瓣弧度、弯球针、九针等。

剪钳

用于剪各类金属丝。

迷你钳

用于制作缠花时处理细节部分。

● 其他

定型喷雾

均匀喷在制作好的缠花上，对线进行定型，防止后续滑线。

珠宝胶

粘各类配件或辅助组装。

白乳胶

缠花收尾时辅助使用，防止线头滑落。

锁边液

均匀涂抹在缠花背面，对线进行定型，防止后续滑线。

镊子

制作缠花的细节时辅助使用，或用于夹取各类珠子等。

打火机

缠花制作完成后，使用打火机快速燎过花瓣，去除浮毛。

木插板

在制作缠花的过程中，小孔木插板用于辅助染色、定型，存放半成品等。大孔木插板用于成品缠花的存放。

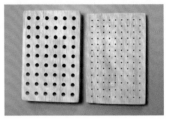

三

创意材料

● 金属配件

金属制成的各类配件，如花、亭子、祥云等。

● 花瓣配件

可以使用各类材质的花瓣搭配缠花制作成品，如天然石、蝶贝、琉璃等。

🔵 各类珠子

用于点缀缠花、制作花蕊、制作颤枝等。珠子种类颇多，可根据个人喜好进行选择。一般常见的有金属珠、米珠、锆石珠、珍珠、天然石珠等。其中各类小雕件或随形珠与缠花搭配会有别样的韵味。

🔵 花蕊配件

花蕊配件种类繁多，常用的有翻糖花蕊、石膏花蕊、锆石花蕊、金属花蕊等。金属花托搭配各类珠子戒面可以组成风格各异的花蕊，可以根据缠花的款式进行选择。

● 其他装饰

锆石与稀土玻璃是制作缠花发冠或流苏时较为常见的配件，一般起到点缀作用。

金箔、银箔、铜箔用于制作缠花贴金花瓣、叶片等。

金边条用于制作带金缠花，推荐使用2~3mm宽度的规格。

纱质材料与丝带用于制作衬纱花瓣，多用于制作发冠、蝴蝶、银杏叶等。

缠花基础制作技巧

一

基础花瓣开头收尾处理

1. 准备一段0.4毫米直径铜丝、剪好的卡纸、蚕丝线。

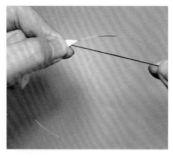

2. 将铜丝放在其中一片卡纸背面并贴紧，加入蚕丝线，用指尖将它们捏住。

3. 将线在卡纸尖端贴合铜丝处缠绕两圈固定。

4. 继续在卡纸上缠绕，缠绕时控制好力度，避免线缠绕过紧或过松。每缠一圈可以稍微将一下线，使线更加平整，这样缠好的花瓣会更加美观。

5. 缠绕完一片卡纸后，将线在铜丝上多缠绕3毫米左右。

6. 加入另一片卡纸，重复之前的动作。

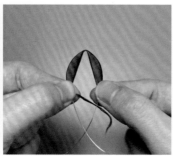

7. 缠好花片后，捏住线头不松开，将花片对折至铜丝两端并拢，用剩余的线在铜丝上缠绕一段距离。

8. 缠好之后把铜丝两端分开，将线在两端铜丝之间来回缠绕几下，重新并拢铜丝并捏紧，使线固定不滑落。

  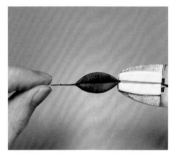

9. 在缠绕的线末尾处涂上少量白乳胶加固。

10. 使用剪刀剪去多余的线。

11. 使用塑头钳夹住花瓣尖端使两花片并拢。

12. 将打火机调整至最小火，点燃后快速燎过花瓣表面，烧去多余的浮毛。

13. 基础花瓣制作完成。

单片叶制作技巧

1. 准备一段0.4毫米直径铜丝、单片叶卡纸、蚕丝线。

2. 在铜丝一端1~2厘米处加入蚕丝线并捏住。

3. 将线往铜丝顶端方向缠绕几圈之后再回缠8毫米左右，使线固定在铜丝上。

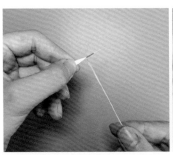

4. 加入卡纸，卡纸尖端贴合铜丝，用线将卡纸缠绕到铜丝上。

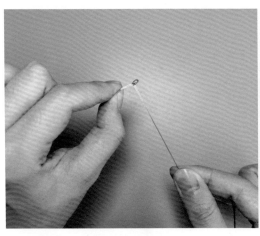

5. 将铜丝顶端回弯至贴合卡纸背面。

 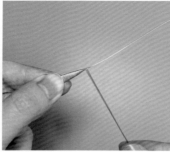 

6. 将线缠绕完整片卡纸，在铜丝上多缠一小段。

7. 在线末尾处涂上白乳胶固定，等
   待胶水干燥后剪去多余的线。

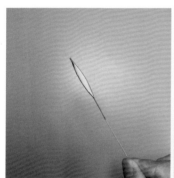

8. 单片叶制作完成。

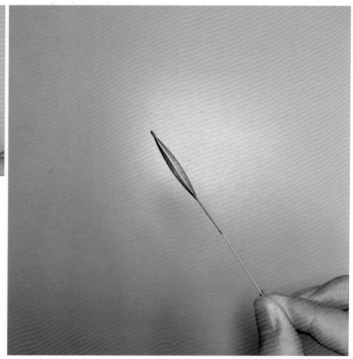

三瓣缠花制作技巧

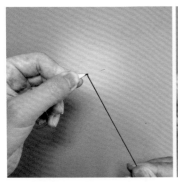

2. 取出2号卡纸，将铜丝放在卡纸背面中间位置并贴紧，加入蚕丝线用指尖捏住。

1. 准备一段0.4毫米直径铜丝、三片缠花卡纸、蚕丝线。花瓣分为三部分，以下用序号1、2、3来区分每片卡纸。

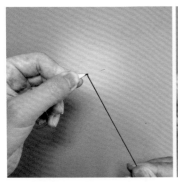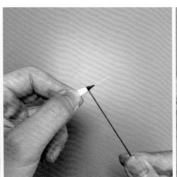

3. 在铜丝与卡纸尖角处缠绕两圈后，继续缠完整片2号卡纸，之后在铜丝上缠绕约2mm的长度。

4. 在铜丝上加入3号卡纸，缠完整片3号卡纸。

5. 将2号卡纸和3号卡纸对折至并拢，两端的铜丝用线缠绕两圈固定。

6. 在两端合并好的铜丝上加入1号卡纸，注意卡纸内弧需对着缠好的部分，此处两段铜丝同时放置在1号卡纸背面。

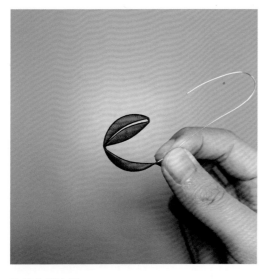 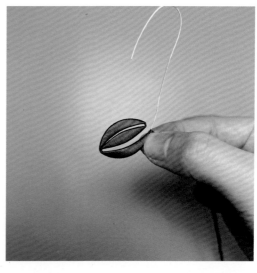

7. 缠完1号卡纸。

8. 捏住剩余的线，将缠好的花瓣掰成三瓣花的造型。

9. 用镊子辅助，将剩余的线从花瓣背面2号与3号卡纸中间穿过后拉出。

10. 拉紧线，沿着铜丝多缠绕一小段固定。

11. 在缠好的线末尾处涂上白乳胶固定（若担心线滑落可将线头打结后再涂白乳胶加固），使用剪刀剪去多余的线。

12. 使用塑头钳给花瓣两端掐尖。

13. 三瓣缠花制作完成。

四

四瓣缠花制作技巧

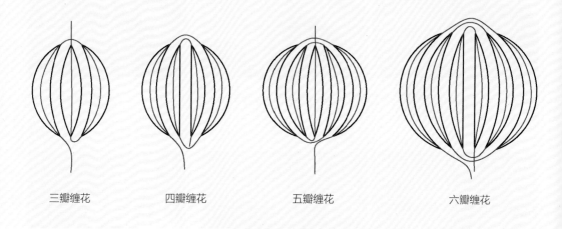

三瓣缠花   四瓣缠花   五瓣缠花   六瓣缠花

1. 准备一段0.4毫米直径铜丝、四片缠花卡纸、蚕丝线。以下用序号1、2、3、4来区分每片卡纸。

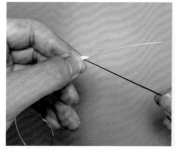  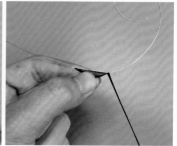

2. 在铜丝上加入3号卡纸,用线将3号卡纸缠完之后再在铜丝上多缠两圈。

3. 加入2号卡纸，重复缠绕动作。

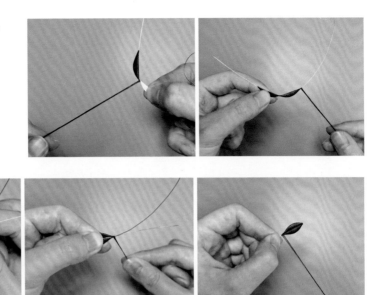

4. 将缠好的2部分花片并拢，用线缠绕两圈固定，之后使用塑头钳掐尖。

5. 将两侧铜丝分开，继续用线在右侧铜丝上缠绕一圈。

6. 在右侧铜丝上加入4号卡纸并用线缠好，注意卡纸摆放方向要准确。

7. 在铜丝上缠绕约2毫米之后，将缠好的4号花片掰至与其他两片并拢。

8. 加入1号卡纸并用线缠好。

9. 将缠好的4个花片调整至贴合后，合并两侧铜丝，在铜丝上缠一小段固定。

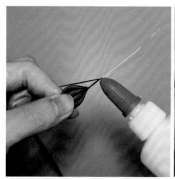 

10. 在缠好的线末尾处涂上白乳胶加固，剪去多余的线。

11. 四瓣缠花制作完成。

五

缠花接线 / 双色花瓣制作技巧

制作缠花时偶尔会出现蚕丝线长度不足以缠完整片花瓣的情况，这时我们可以使用接线技巧，接入另一根蚕丝线缠完整片花瓣。下面会用两种不同颜色的蚕丝线演示接线，以便加直观地展示接线技巧。同样也可以使用接线技巧制作双色甚至多色花瓣。

1. 使用一种颜色的蚕丝线缠绕卡纸至需要接线的位置。

2. 将卡纸翻转至背面，把铜丝向上弯起。

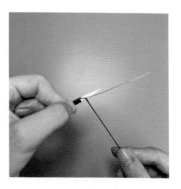

3. 将剩余的线缠绕在背面的铜丝上。

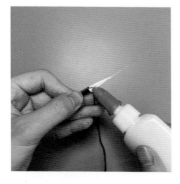

4. 使用白乳胶固定线，固定好后剪去多余的线。

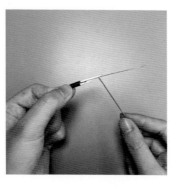

5. 将另一根蚕丝线对折后套在铜丝上。

6. 将线拉至接线位置后绷直捋平。

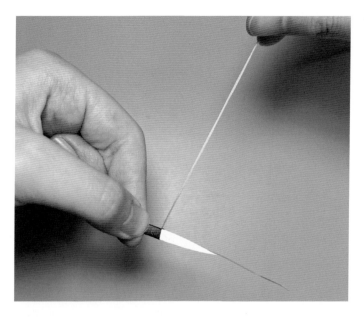

7. 翻转至正面开始缠绕,拉线的力度需适中,以免扯歪铜丝。

8. 一边缠绕一边留意正反两面衔接处,做到衔接自然。

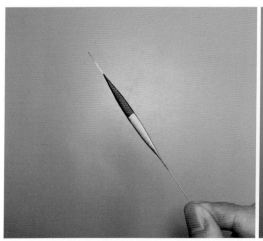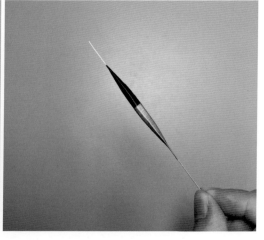

9. 缠完整片花瓣,接线/双色花瓣就制作好了。其他形状的花瓣也可以使用同样的手法进行制作。

六

曲边花瓣制作技巧

 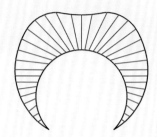 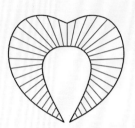

曲边花瓣缠线示意图

1. 准备一段0.4毫米直径铜丝、曲
   边花瓣卡纸、蚕丝线。

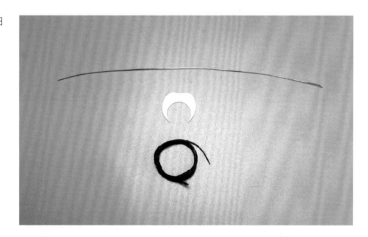

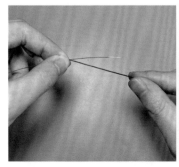  

2. 将蚕丝线在铜丝上缠绕几圈后回缠约两厘米长度。

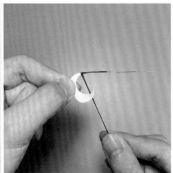

3. 加入曲边花瓣卡纸，将铜丝贴合在卡纸其中一个尖角处开始用线缠绕。

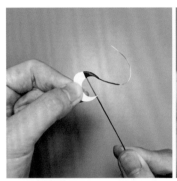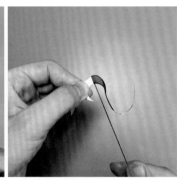

4. 根据卡纸弧度，内圈线稍微重叠缠绕，外圈正常缠绕，这样可以有效防止滑线。

5. 缠绕至卡纸另一端时，可以将已经缠好的卡纸暂时弯起，避免缠线受到阻碍。

6. 缠好整片花瓣后，在铜丝上继续用线缠绕，操作与第2步一致。

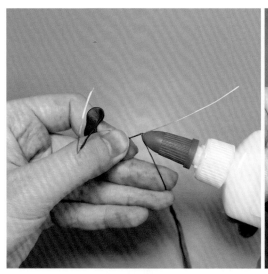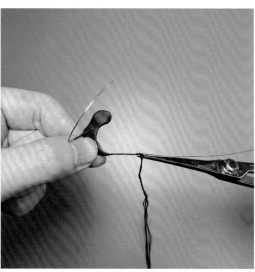

7. 在缠好的线末尾处涂上白乳胶固定，剪去多余的线。

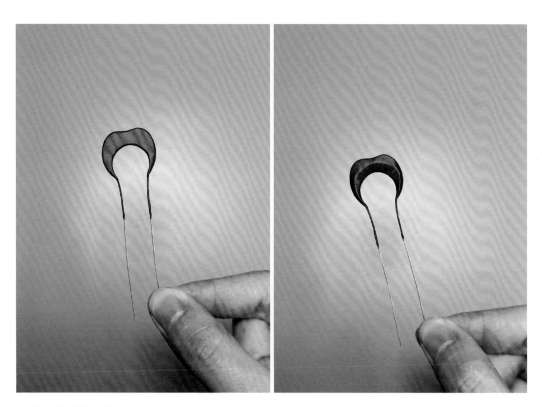

8. 曲边花瓣制作完成。

七

立体花瓣制作技巧

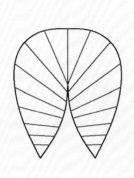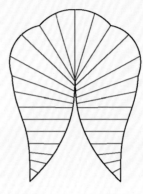

立体花瓣缠线示意图

🔵 弧形立体花瓣

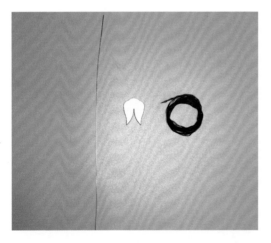

1. 准备一段0.4毫米直径铜丝、弧形立体花瓣卡纸、单股蚕丝线（由于立体花瓣中间部分较窄，使用单股的蚕丝线制作，花瓣会更加平整美观）。

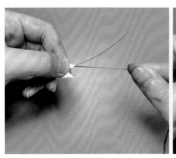

2. 将铜丝放置在卡纸一边的尖角背面，使用蚕丝线开始缠绕。

 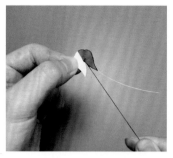

3. 根据卡纸走向，线靠近卡纸中间
   部分时稍微倾斜缠绕，卡纸内侧
   线微微重叠，外侧线平缠。

4. 缠至中间部分时，线正好垂直缠
   绕，内侧线重叠在同一位置。

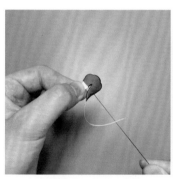 

5. 根据卡纸走向缠完整片花瓣。

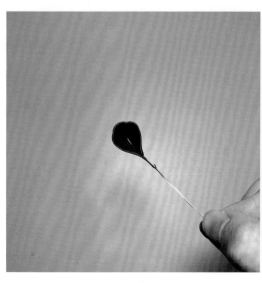 

6. 捏住花瓣，将两边尖角部分慢慢弯至并拢，利用花瓣背面的铜丝支撑固定好弧度，将剩余的线缠绕在铜丝上并
   收尾。弧形立体花瓣制作完成。

⬤ 双瓣立体花瓣

1. 准备一段0.4mm直径铜丝、双瓣立体花瓣卡纸、蚕丝线。

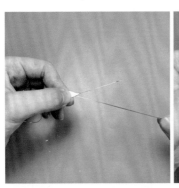 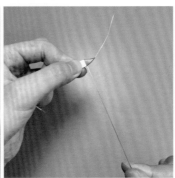 

2. 使用蚕丝线缠完其中一片花瓣后，在铜丝上继续缠绕约3mm的长度。

3. 加入另一片卡纸缠绕，注意卡纸两端位置与摆放方式。

4. 用线缠完第二片花瓣。

5. 捏住剩余的线不松开，利用花瓣背面的铜丝支撑，用指腹将花瓣慢慢弯出弧度，使两片花瓣并拢。

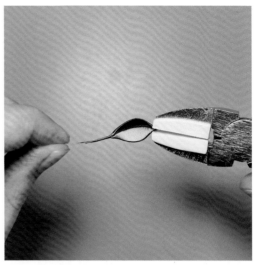

6. 在并拢的铜丝上缠绕一段线后收尾。

7. 使用塑头钳为花瓣掐尖。

8. 双瓣立体花瓣制作完成。

八

花瓣染色技巧

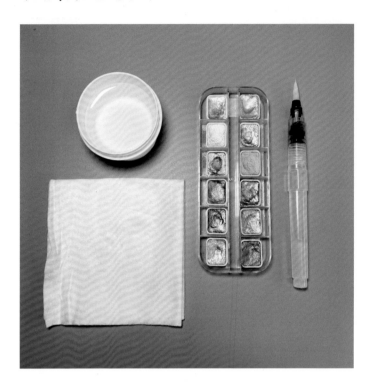

1. 准备好染色颜料、自来水笔、清水与吸水棉布。颜料可选择珠光固体水彩、酸性颜料等。

2. 根据制作需要缠好花瓣备用。

3. 把缠好的花瓣放入清水中浸泡十秒左右，将缠绕在卡纸上的线全部打湿。

4. 取出花瓣放置在吸水棉布上，吸去多余的水分。

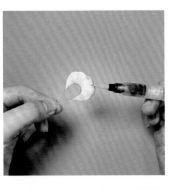

5. 在固体颜料里加入清水稀释并搅拌均匀。

6. 用自来水笔蘸取颜料涂在花瓣边缘处。

7. 用自来水笔蘸取清水，将刚刚涂在边缘的颜料一点点向下晕染，形成自然的过渡。

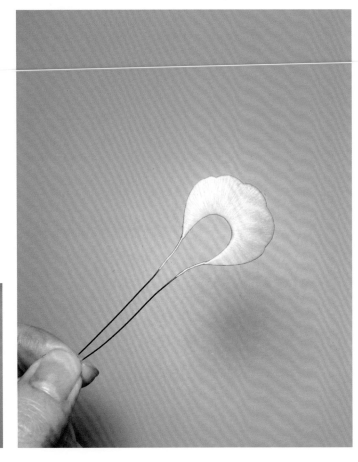

8. 晕染至所需的程度后，将染好的花瓣放置在木插板上自然风干。

9. 晾干后，一片染好色的花瓣就制作完成了。

九

缠花无痕收尾技巧

该技巧适用于所有缠花作品制作的收尾（包括软簪，各类主体等）。

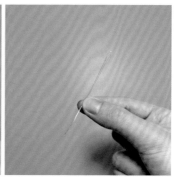

1. 准备一根0.3毫米直径铜丝或一段珍珠线对折备用。

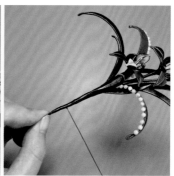

2. 用蚕丝线在缠花枝干上缠至需要的长度后，回缠约1厘米。

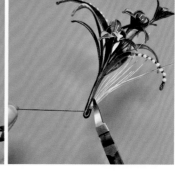

3. 使用塑头钳将回缠部分枝干向上弯至与铜丝贴合，之后用剪钳微微斜着剪去多余铜丝。

4. 用剩余的线继续向上缠绕几圈固定尾部。

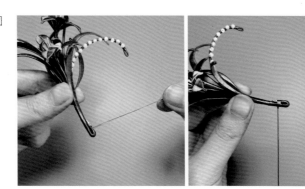

5. 在贴合枝干位置加入对折好的0.3毫米直径铜丝，之后继续向上缠绕，直至线包裹住缠花尾部的所有铜丝。

6. 一只手捏住缠好的枝干防止线松开，另一只手将线头从刚刚加入的对折铜丝孔中穿过，之后用钳子夹紧另一端的铜丝用力往外拉。

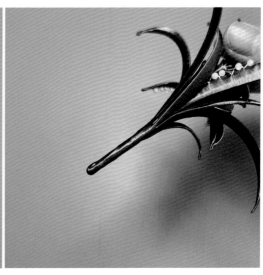

7. 线全部拉出后，用剪刀剪去多余的线。

8. 缠花无痕收尾完成。

十

花瓣连缠技巧

花瓣连缠技巧能使花朵连接更加自然，防止铜丝过多形成粗枝干。该技巧适用于花朵、叶片等的制作。

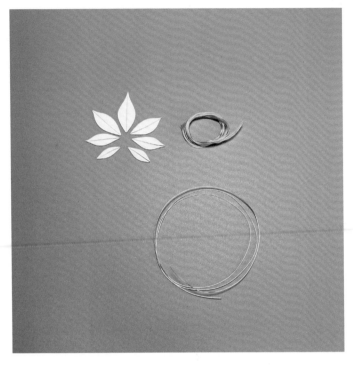

1. 将需要连缠的花瓣卡纸按顺序摆放好，准备一段较长的铜丝与蚕丝线。

2. 由于铜丝较长不方便捏住，此处可以将铜丝两端卷起来。留出长度合适的铜丝后加入第一片卡纸开始缠绕。

3. 使用基础花瓣制作方法缠好第一片花瓣后，用线在花瓣末端缠绕一圈将花瓣固定。

4. 依照摆放顺序，在同一根铜丝上加入第二片卡纸，同样使用基础花瓣制作方法缠完整片花瓣。

5. 缠完第二片花瓣后，同样在花瓣末端缠绕一圈固定，之后依次加入剩余卡纸并缠好所有花瓣。

6. 缠好所有花瓣后，将两侧铜丝合并到一起，用线缠绕固定后正常收尾。

7. 连缠花瓣制作完成。

十一

缠花加固处理技巧

缠花花瓣制作好之后较为脆弱，容易出现滑线的情况。可以使用锁边液、定型喷雾等对缠花进行加固，使缠花更加牢固不易损坏。

锁边液的使用

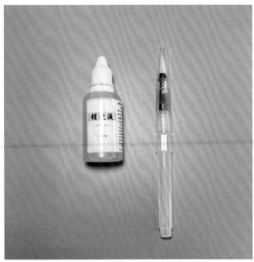

1. 准备锁边液与自来水笔。

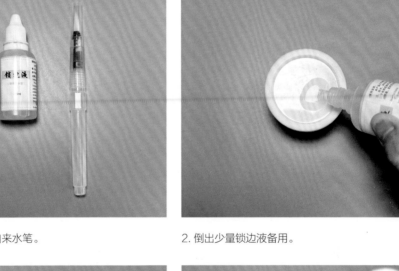

2. 倒出少量锁边液备用。

3. 使用干净的自来水笔蘸取锁边液。

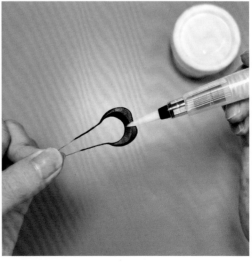

4. 将锁边液均匀涂抹在缠花背面。

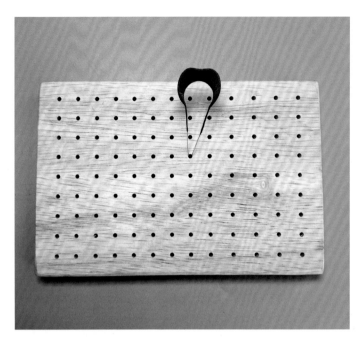

5. 将花瓣放置在木插板上晾干，缠
   花加固完成。

定型喷雾的使用

1. 将制作好的缠花花瓣背面朝上放
   置，距离花瓣30厘米以上使用定
   型喷雾快速喷涂。

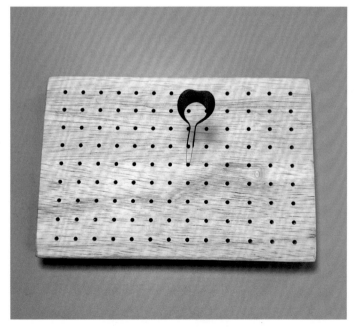

2. 将花瓣放置在木插板上晾干，缠花加固完成。

缠花创意制作技巧

对折花瓣制作

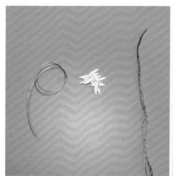

1. 准备一段较长的铜丝、雏菊花瓣卡纸、蚕丝线。用花瓣连缠技巧缠完所有花瓣之后不剪断线。

2. 一只手捏住多余的线不松开，另一只手依次将每片花瓣向内弯折。

3. 用线依次从每两片花瓣中间绕过后拉紧，使花瓣的对折造型固定。

4. 固定所有花瓣后，用线在铜丝上
   缠绕合适的长度，进行收尾。

5. 用手将合并在一起的花瓣掰开至均匀分布。

6. 加入喜欢的花蕊，小雏菊缠花制
   作完成。

烧箔 / 金箔缠花

1. 准备一张铜箔与一块硫磺布，用硫磺布包裹铜箔。

2. 使用电夹板或熨斗隔着硫磺布熨烫加热铜箔，加速变色反应。

3. 经过加热，铜箔产生铜绿、孔雀蓝、紫红色、灰黑色等颜色，烧箔制作完成。

4. 准备一片缠好的花瓣或叶片，在需要贴烧箔/金箔的位置涂上白乳胶。

5. 使用镊子夹取一片烧箔/金箔，贴在涂好白乳胶的位置。

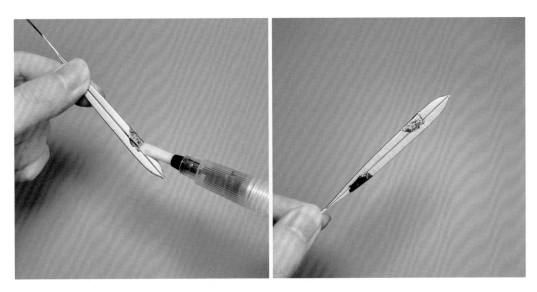

6. 用干燥的自来水笔轻轻按压，使烧箔/金箔与花瓣或叶片更加贴合。

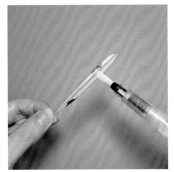

7. 用干燥的自来水笔将多余的烧箔/金箔扫去。

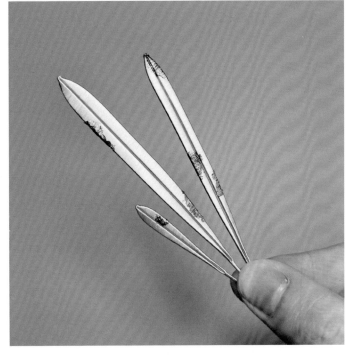

8. 烧箔/金箔缠花制作完成。

三

双面侧包金边

1. 准备一根0.4毫米直径铜丝、三根0.3毫米直径铜丝、叶片卡纸与蚕丝线。

 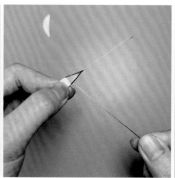 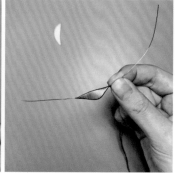

2. 取一叶片卡纸，在一半的底部放置0.4毫米直径铜丝，使用基础花瓣制作方法用线缠好。

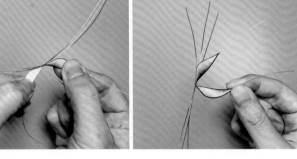

3. 在缠好的一半叶子外侧的连接处加入三根0.3毫米直径铜丝，用线缠绕两圈固定。

4. 将0.3毫米直径铜丝拨到一边，加入另一半叶片卡纸缠完。

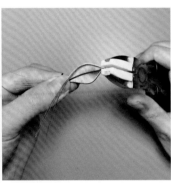

5. 将叶子并拢后捏住，使用塑头钳为叶子掐尖的同时将三根0.3毫米直径铜丝贴合在叶片侧面并拗好造型。

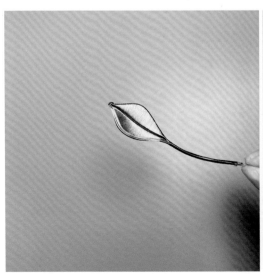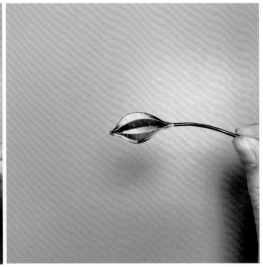

6. 另一侧的铜丝拉至叶片背面，同样用塑头钳辅助拗好造型。之后将末尾所有铜丝用线缠绕固定到一起，双面侧包金边，叶片制作完成。

四

衬纱花瓣

可用于镂空花瓣、蝴蝶、银杏叶等款式缠花的制作。

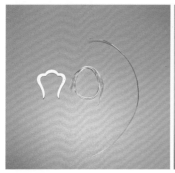

1. 准备卡纸、蚕丝线、铜丝、纱质布料或丝带。

2. 将花片正常缠完。

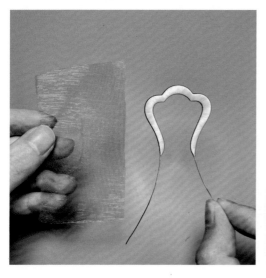
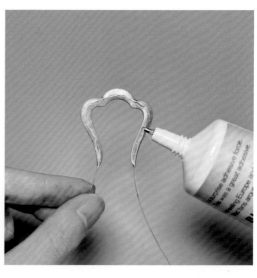

3. 剪下一片比花片大的纱布。

4. 将花片翻转至背面，在背面中间位置涂上珠宝胶。

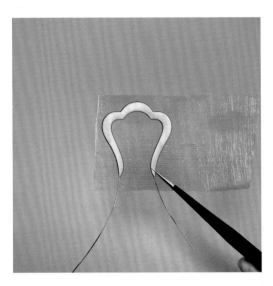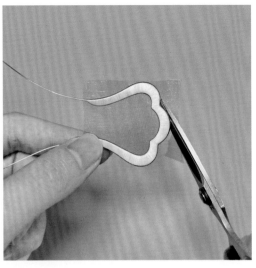

5. 将纱布粘在花背面并压实，等待珠宝胶干燥。

6. 使用尖头剪沿着花片边缘剪去多余纱布，注意不要剪到制作好的花片。

7. 衬纱花瓣制作完成。

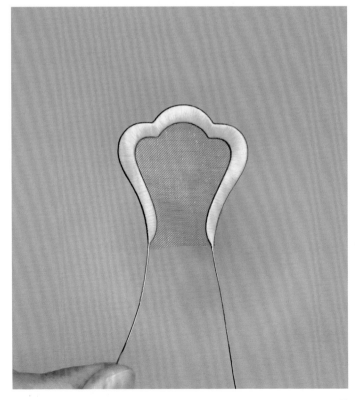

五

分片翅膀缠法

适用于花片末端未相交于同一点的情形，如制作各类翅膀、分片叶子、异形花瓣等。

1. 将翅膀卡纸依照排列顺序摆放好，用笔在每片卡纸末端相接处做好标记。

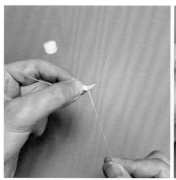 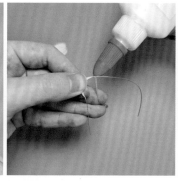 

2. 取出最下方的卡纸正常缠完后用白乳胶涂抹收尾，放至一旁备用。

3. 取倒数第二片卡纸，从内侧尖角开始缠至标记位置。

 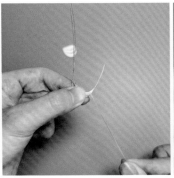 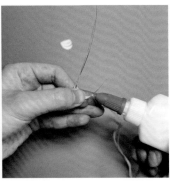

4. 在标记位置加入步骤2制作好的花片，花片尖端与标记处贴合，将该花片末端铜丝拉至卡纸未被缠部分的背面，用线继续缠完，末尾处同样使用白乳胶固定。

5. 注意缠完的花片是完全贴合连接在一起的，正反面如图所示。

6. 重复步骤3~4的操作，将上方的两片卡纸缠好。翅膀花片制作完成。

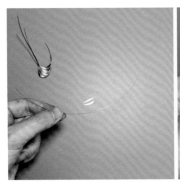 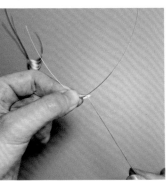

7. 取一根铜丝，用线将左图中的花片缠好。

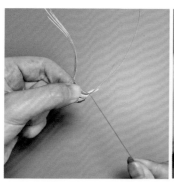 

8. 将缠好的花片与制作好的翅膀花片贴合，铜丝合并到一起后用线缠绕两圈固定。

9. 加入最后一片卡纸，用线缠好。缠好后将花片弯折贴合，用剩余的线缠绕固定所有铜丝进行收尾。

10. 分片翅膀制作完成。

六

烟花花片

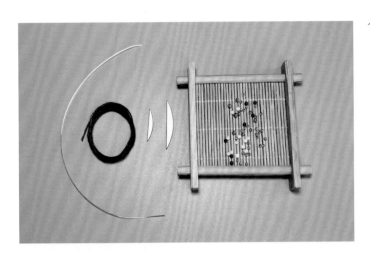

1. 准备一根较长的0.4毫米直径铜丝、烟花花瓣卡纸、2毫米直径各类珠子若干、蚕丝线。

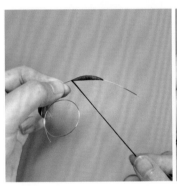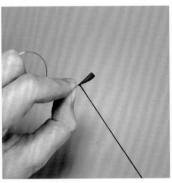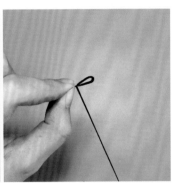

2. 用线正常缠完一片短花片之后对折，在铜丝上缠绕一圈固定。

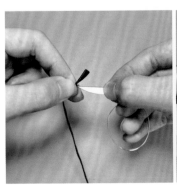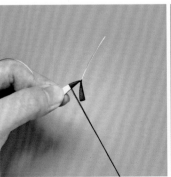

3. 拉出一端的铜丝，继续用线缠一片长花片，注意两片卡纸有弧度的一侧需朝同一方向。

4. 将缠好的长花片同样弯曲对折后用线在底部缠绕一圈固定，再从两片花片中间绕一圈加固。

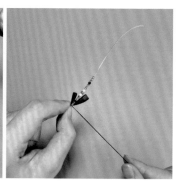

5. 将剩余铜丝拉到两片花片中间，依照个人喜好在铜丝上穿入各类珠子。

6. 穿好珠子后将铜丝另一头弯回底部拉紧，之后用线正常缠绕收尾。

7. 烟花花片制作完成。

七

立体间色花瓣

1. 准备间色花瓣卡纸、铜丝、两种不同颜色的蚕丝线。

2. 使用单片叶制作技巧制作出用于围边的花瓣等待组装。

3. 先用基础花瓣制作方法缠出一片基础花瓣，捏住结尾处，暂不剪断线头。

4. 将花瓣对折，中间部分留出缝隙。

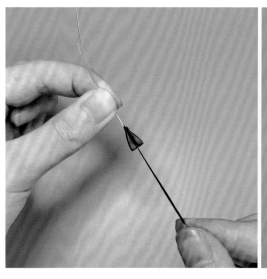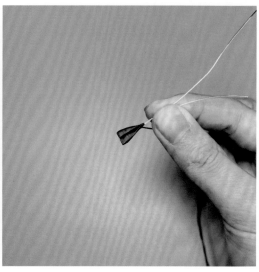

5. 用线穿过花瓣中间缝隙，之后在铜丝上绕一圈固定。

6. 加入制作好的围边花瓣，用指腹弯折围边花瓣至贴合中间对折的花瓣，之后用线将两片花瓣缠绕固定。

7. 花瓣制作完成后是贴合在一起的立体效果，正面与侧面都更加美观。

8. 用同样的方法制作多片花瓣，依次组装。

9. 立体间色花朵制作完成，可根据
   个人喜好选择花蕊。

八

缠丝叶片

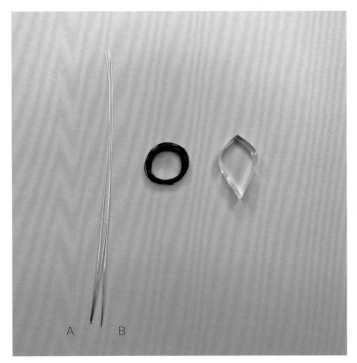

2. 取出铜丝A贴合模具造型，在叶片尖部留出约5毫米长度。

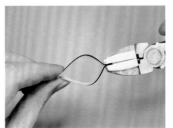

3. 使用塑头钳夹扁叶片尖部。

1. 准备叶片模具、蚕丝线与三根0.4毫米直径铜丝，铜丝中两根合并后用蚕丝线缠绕（简称铜丝A），一根单独用蚕丝线缠绕（简称铜丝B）。

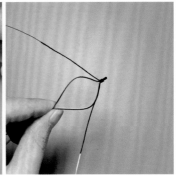

4. 取出铜丝B，铜丝中间部分贴合叶片尖部，用线缠绕三圈固定。

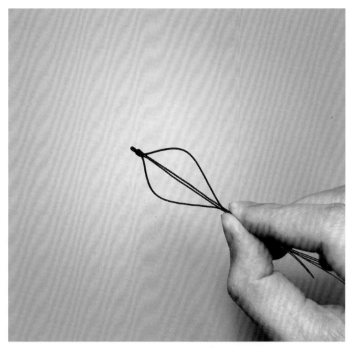

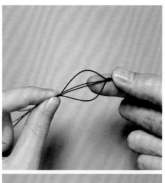

5. 取下模具,之后将铜丝B两端拉直合并到叶片底部。

6. 用指腹将叶片拗出弧度,然后用线缠绕固定枝干部分。

7. 缠丝叶片制作完成。

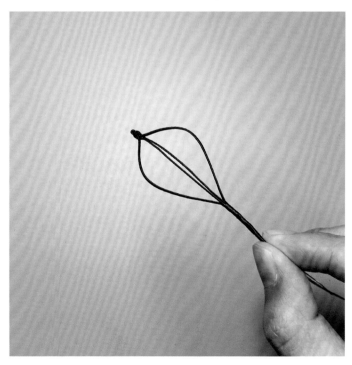

九

镂空花瓣

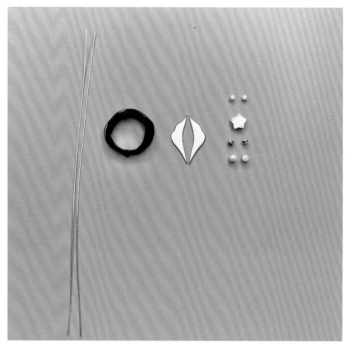

1. 准备直径0.3毫米与0.4毫米的铜丝、蚕丝线、镂空花瓣卡纸、各类珠子。

2. 取0.4毫米直径铜丝，使用基础花瓣制作方法缠好一半花瓣，在中间连接处加入一根0.3毫米直径铜丝，用线缠绕两圈固定。

3. 将0.3毫米直径铜丝拉至一边，继续缠完整片花瓣，在末尾缠绕两圈暂时固定。

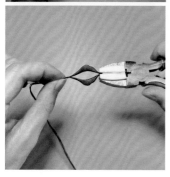

4. 将0.3毫米直径铜丝合并到一起
   后拉直，之后用塑头钳为花瓣
   掐尖。

5. 在0.3毫米直径铜丝上穿入各类珠子加以点缀。

6. 将0.3毫米直径铜丝回弯至贴合
   花瓣尾部铜丝，用线缠绕固定，
   镂空花瓣制作完成。

十

珠子围边叶片

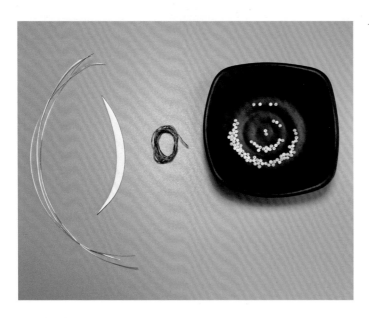

1. 准备一根0.4毫米直径铜丝、两根0.3毫米直径铜丝、缠花卡纸、蚕丝线与若干2毫米直径珠子。为方便区分，后续分别称两根0.3毫米直径铜丝为铜丝A与铜丝B。

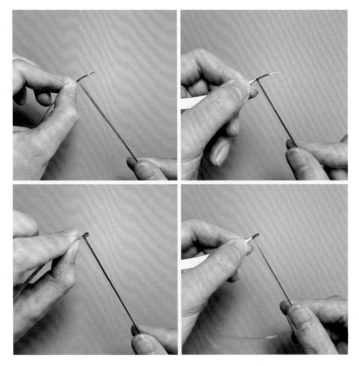

2. 将三根铜丝合并捏在一起，根据单片叶制作技巧前五步缠绕一小段。

3. 缠绕好后，拉出铜丝A，之后用线继续缠绕约4毫米长度。

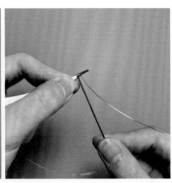

4. 手拉住缠绕的线不松开，在铜丝A上加入一颗珠子，之后将铜丝A回弯至卡纸背面，珠子卡在叶片边缘。

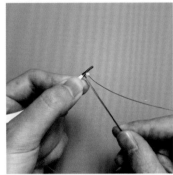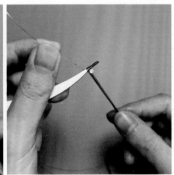

5. 将铜丝A放置于卡纸背面之后,拉出铜丝B，之后正常缠绕约4毫米长度。

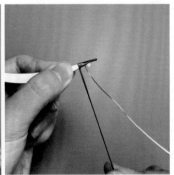

6. 在铜丝B上穿入一颗珠子，之后将铜丝B拉至卡纸背面，同时拉出铜丝A。

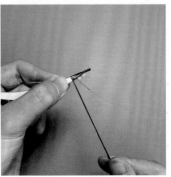

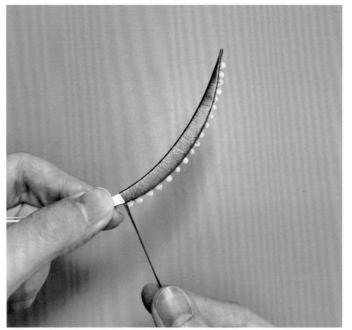

7. 重复前面的步骤交替穿入珠子并缠绕，制作出珠子围边效果。

8. 缠至适当位置后，正常缠完整片叶片进行收尾。

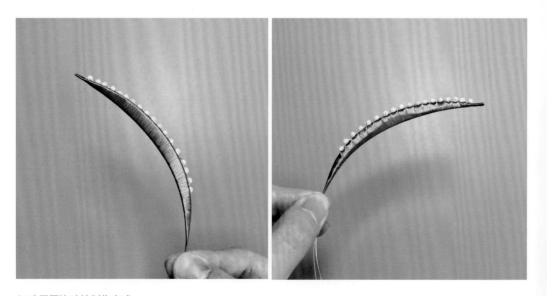

9. 珠子围边叶片制作完成。

十一

辑珠花瓣

1. 准备辑珠花瓣卡纸，按顺序摆放好。

2. 中间部分使用三瓣缠花制作技巧完成制作以备用。

3. 准备一根较长的0.3毫米直径铜
丝与若干2毫米直径珠子。

4. 在铜丝中穿入五颗珠子，取右端铜丝，回穿第一颗珠子后拉紧，形成一个小花朵。

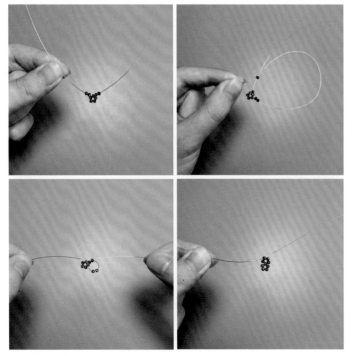

5. 左右两端铜丝各加入两颗珠子，之后用右端铜丝回穿左侧第一颗珠子后拉紧。

6. 重复上一个步骤，直至做好四个
   小花朵。

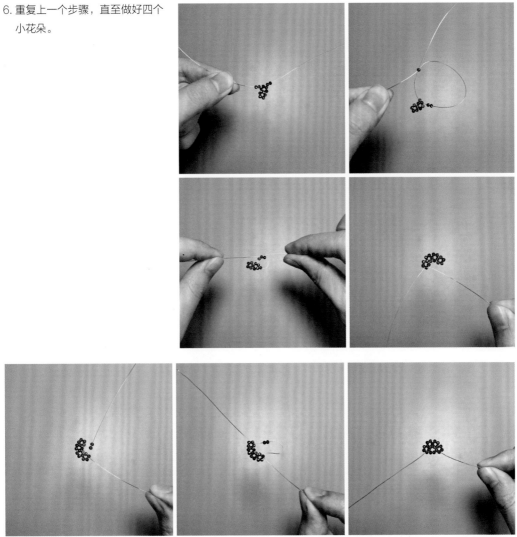

7. 将珠花立着拿起，在上方铜丝穿入两颗珠子后，用铜丝再穿入上侧小花顶部的珠子，拉紧铜丝，辑珠部分制作
   完成。

8. 取出左右两侧的卡纸，将卡纸末
   端贴合辑珠底部的铜丝捏住。

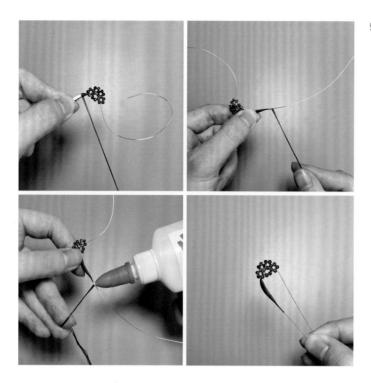

9. 用蚕丝线缠完一侧花片。

10. 另一侧花片也同样缠好。

11. 将两侧花片合并到一起缠绕两圈固定，之后在中间加入三瓣缠花，用线缠绕所有铜丝固定。

12. 辑珠花瓣制作完成。

十二

连缠叶片

2. 将最右边的4号叶片贴合铜丝并
   捏紧。

1. 准备好蚕丝线、三根12厘米左右的0.4毫米直径铜丝与叶片卡纸，卡纸
   按叶片造型摆放好备用，此处叶片卡纸的四部分从左到右分别称为1、
   2、3、4号叶片。

3. 使用蚕丝线缠完整片叶片。

4. 缠完后在铜丝上多缠绕4毫米左右，之后加入3号叶片，叶片尖端贴合铜丝，先缠好与4号叶片相邻的一半
   卡纸。

 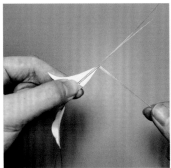

5. 缠好后将叶片翻至背面，继续用线单独缠背面的铜丝，缠至叶片尾部的尖角处。

6. 加入第二根铜丝，用线往回缠绕一小段固定后翻至正面。

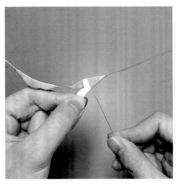 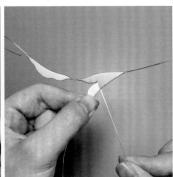 

7. 将线继续往叶尖方向回缠至叶片分叉处，此处需保持线的走向，与上方缠好部分衔接自然。缠至分叉处后，将刚刚加入的第二根铜丝拉至还没有缠的另一半卡纸背面。

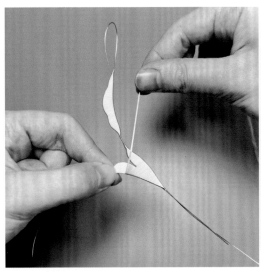 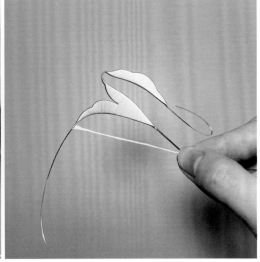

8. 将线拉平整，缠完叶片分叉的另一半卡纸后，同样在叶尖部分的铜丝上多缠绕约4毫米。

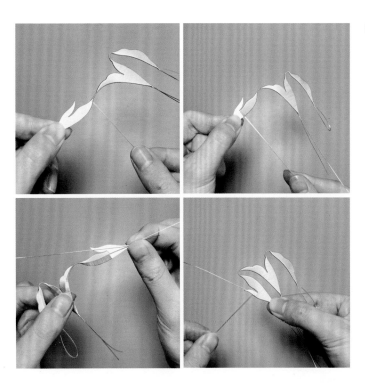

9. 加入2号叶片，用制作3号叶片的缠绕手法缠完此叶片。

10. 将2、3、4号叶片缠好之后，加入1号叶片缠完。

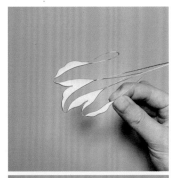

11. 将叶片尾部的几根铜丝合并到一起，缠绕固定。

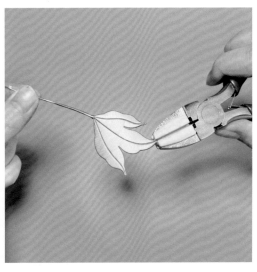

12. 用线在铜丝上缠绕至合适长度，正常收尾，剪去多余的线。

13. 用塑头钳为叶片掐尖，使几部分贴合在一起。

14. 一片连缠的叶片就制作完成了。

十三

镶珠叶子

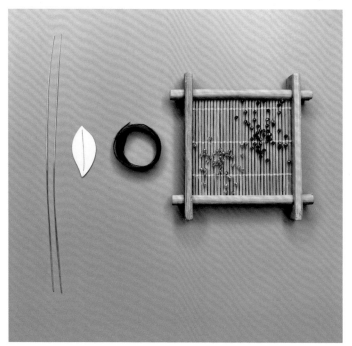

1. 准备直径0.3毫米与0.4毫米铜丝一根、叶片卡纸、蚕丝线、若干2毫米直径珠子。

2. 取0.4毫米直径铜丝，用基础花瓣制作方法缠好半片叶子，中间叶子与铜丝连接处加入一根0.3毫米直径铜丝用线绕两圈固定。

3. 加入另一半叶片卡纸，正常缠完整片叶子。

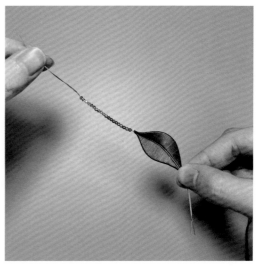

4. 将叶子末端合并捏住，尖端的0.3毫米直径铜丝同样合并到一起。

5. 在0.3毫米直径铜丝上穿入珠子，穿入珠子长度与叶片长度一致。

6. 将珠子下弯贴合叶片根部，用剩余的线缠绕收尾，镶珠叶子制作完成。

十四

米珠包边花瓣

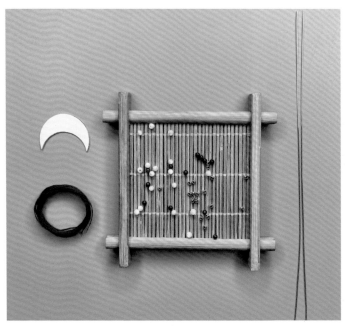

1. 准备0.4毫米直径铜丝两根、蚕丝线、卡纸与若干2毫米直径珠子。

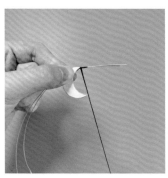

2. 将两根铜丝放置在卡纸下方，用蚕丝线缠绕一小段。

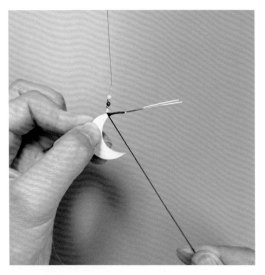

3. 拉出其中一根铜丝，穿入几颗珠子。

4. 将铜丝拉回以贴合卡纸边缘，用线缠绕一圈固定。

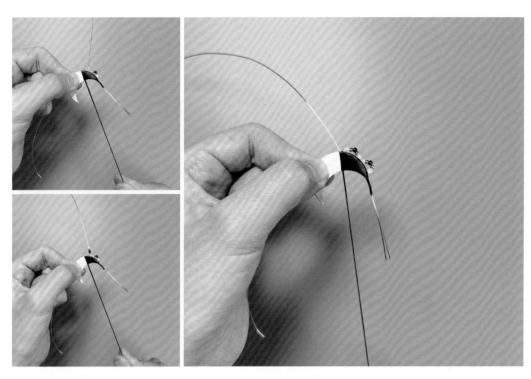

5. 将铜丝重新拉出，穿入几颗珠子，将铜丝拉回，贴合卡纸边缘，之后用线在卡纸上继续缠绕一小段。

6. 重复之前的步骤直至缠完整片卡
   纸，米珠包边花瓣制作完成。

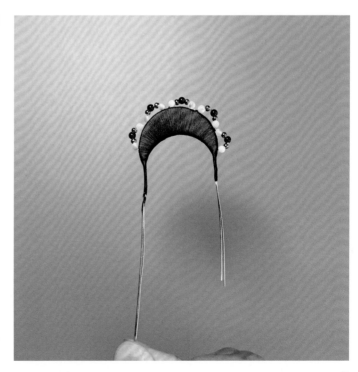

缠花创意案例综合练习

/

一

金风玉露

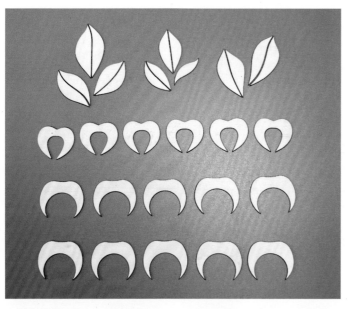

1. 准备好制作花瓣与叶子的卡纸，分别为三组叶子、两朵花。

2. 用双面侧包金边的手法制作叶子，缠好所需要的花瓣备用。

3. 将铜丝穿过圆珠后，在中间位置对折。

4. 将对折好的铜丝穿过铜花托对称的两个孔后拉紧。

5. 把两根铜丝合并到一起后，用钳子辅助拧紧以固定好花托与花心。

6. 用钳子将铜花蕊间隔的花丝掰到贴合圆珠的位置，将圆珠包住。

7. 再把另外三分之一的铜花蕊掰至距离第一层花蕊1毫米的位置，做出花心的层次感。

8. 最后三分之一花蕊同样调整至距离第二层花蕊1毫米的位置，制作好整个花心部分。

9. 用圆嘴钳夹住花瓣顶部，把花瓣拗出弧度。

10. 把心形的花瓣都拗出同样的弧度备用。

11. 把拗好弧度的心形花瓣贴合花心，用线绑好固定。

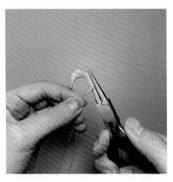

12. 依次加入剩下的两片花瓣，调整花瓣角度呈三角形，将花心包住。

13. 使用圆嘴钳夹住花瓣一边往外侧拗出弧度，另一边也拗出对称的弧度。

14. 做出五片外翻的花瓣备用。

15. 将花瓣微微倾斜着贴合花心部分来进行组装，一高一低的组装方式能让花朵更有层次感。

16. 其余的花瓣也同样用稍微倾斜的角度依次加入，使用一片压一片的手法组装好。

17. 绑完所有花瓣后调整下造型，一朵花就制作完成了。

18. 用同样的方法组装好两朵花，花的数量也可根据个人喜好进行调整。

19. 在花朵枝干合适的位置加入第一组叶子绑好。

20. 在枝干的正面位置加入另一朵花，与侧上方的花朵呼应。

21. 枝干侧面同样绑好另外两组叶子，调整枝干弧度，流畅的枝干会使作品更加灵动。

22. 缠上第三组叶子，选择与花枝匹配的主体准备组装。

23. 用线将花枝与主体贴合绑好，缠绕时注意保持线的平整。

24. 绑好主体后，将线头穿入铜丝中并拉出做无痕收尾。

25. 使用剪刀剪去多余的线头。

26. "金风玉露"耳挖簪制作完成。

二
琼
羽

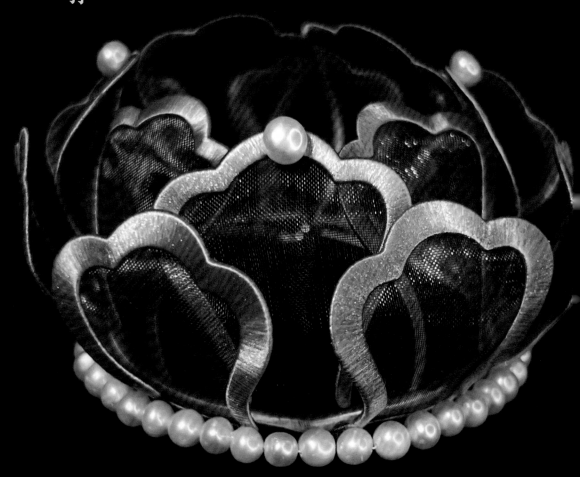

1. 使用衬纱花瓣缠花技巧制作好长、短花瓣各7片，并将花瓣染出渐变色。

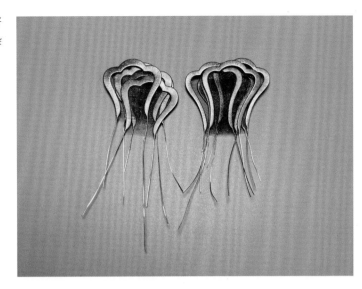

2. 用指腹轻轻托着花瓣中间部分，拗出弧度。

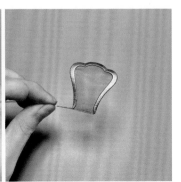

3. 将花瓣右侧铜丝弯折后，先在左侧铜丝上缠绕一段丝线，然后合并两侧铜丝，继续用蚕丝线缠绕固定。

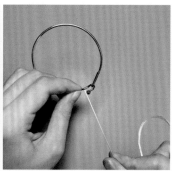

4. 取出一个圆环形主体，用丝线在主体上缠绕一小段。

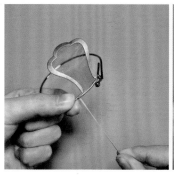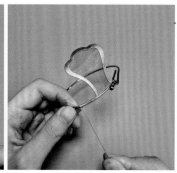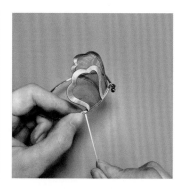

5. 加入一片长花瓣，铜丝贴合在主体上，继续缠绕约两厘米。

6. 在长花瓣外围加入一片短花瓣，花瓣微微交叠，同样用丝线缠绕固定。

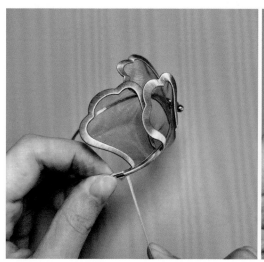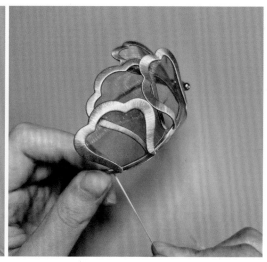

7. 重复之前的步骤，依次穿插加入长、短两款花瓣，注意长花瓣均在内侧，短花瓣均在外侧。

8. 将花瓣全部组装好后，使用无痕
   收尾技巧在花冠内侧收尾。

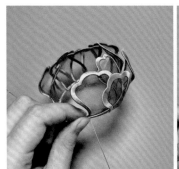 

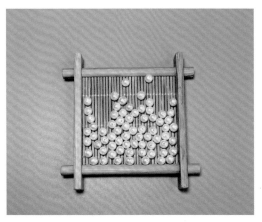

9. 准备若干用于制作底部装饰的5~6毫米直径珍珠。

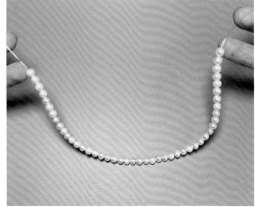

10. 使用0.4毫米直径保色铜丝将珍珠穿好，珍珠长度
    以正好围绕花冠一圈为准。

 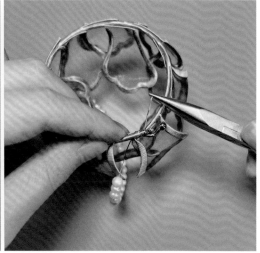

11. 将铜丝一端缠绕在主体弯折处，绕几圈后拧紧铜丝固定。

12. 将珍珠串贴合花冠底部围绕固定，中间可额外准备铜丝选择2~3处位置，将珍珠串绑在主体上加固。

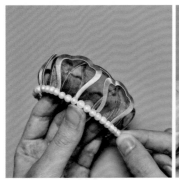

13. 将珍珠围绕一圈后，在末尾处同样缠绕几圈铜丝固定，之后剪去多余铜丝。

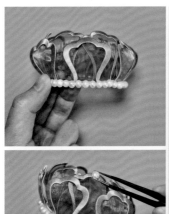

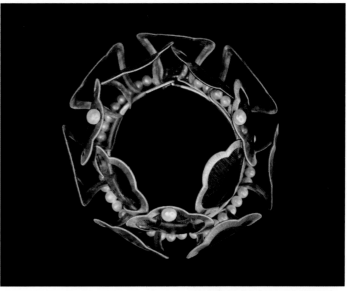

14. 在花冠上粘贴馒头珠加以点缀，琼羽制作完成。

伍

缠花作品设计及制作

一

系列一 五行昆虫

绛霄—飞蛾 *

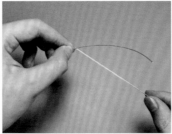

1. 用蚕丝线在0.6毫米直径铜丝上缠绕约1厘米。

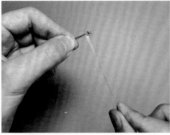

2. 穿进一颗3~6毫米直径铜珠到缠线部分后对折铜丝，继续用线缠绕。

3. 线缠至枝干2~3厘米处收尾，用
   同样的方法制出多根带珠枝干
   备用。

4. 将两根带珠枝干合并到一起缠好固定，之后放置在连缠好的枫叶上方继
   续缠绕固定。（枫叶制作参考花瓣连缠技巧。）

5. 枫叶枝干缠绕至5~6厘米长度后
   收尾，用同样的方法制出多片
   大小不一的枫叶备用。

6. 使用0.6毫米直径铜丝制作两根分枝，合并后缠绕一段距离。

7. 加入一片小号枫叶继续缠绕固定。

8. 加入稍大一号枫叶固定好，放置到一旁等待组装。

9. 重复步骤6~8，组装制作出另一半分枝。

10. 加入第三片枫叶组装成三角分布的造型，之后正常收尾等待组装。

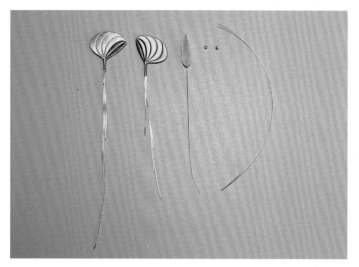

11. 使用分片翅膀缠法制作好飞蛾翅膀，准备绒条、2毫米直径铜珠与一段0.3毫米直径粗保色铜丝。

12. 使用珠宝胶将2毫米直径铜珠分别粘在绒条双侧制作出飞蛾的眼睛。

13. 将0.3毫米直径铜丝对折后贴合两边翅膀，用线缠绕组装固定。

14. 使用剪钳剪去绒条多余铜丝。

15. 用珠宝胶将制作好的飞蛾身体粘贴固定在翅膀上方。

16. 调整好造型准备组装。

17. 将两组枫叶分枝和飞蛾准备好。

18. 略小的枫叶放在前端，大的枫叶放在后端，用线缠绕固定。

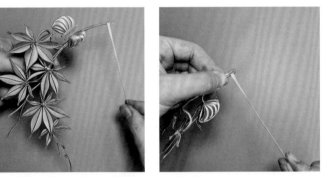

19. 在适当的位置加入制作好的飞蛾，之后在枝干上多缠绕一段以便后续组装主体。

20. 将枝干回弯一小段后用线回缠。

21. 取出发梳主体，将制作好的缠花枫叶背面朝上，枝干贴合在发梳顶部缠绕固定。

22. 沿着梳齿缠绕几圈固定后，加入一段铜丝准备进行无痕收尾。

23. 继续沿着梳齿缠绕至缠花不晃动。

24. 线穿过铜丝后回拉，做好无痕收尾。（具体操作参考无痕收尾技巧。）

25. 使用塑头钳将整体缠花反弯至
发梳另一端。

26. 使用珠光固体水彩为飞蛾绘制
花纹，作品制作完成。

澜絮－旌蛉

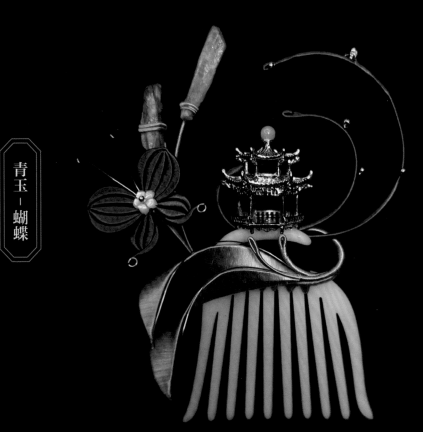

青玉－蝴蝶

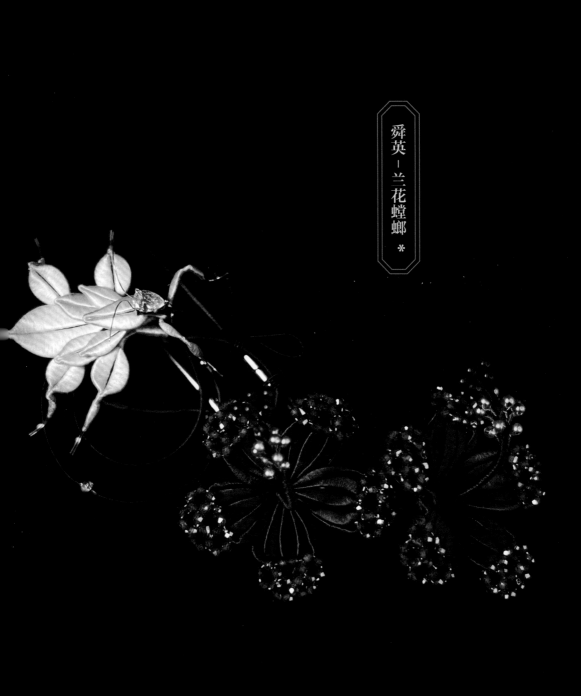

舜英－兰花螳螂
*

1. 准备0.2毫米直径保色铜丝、0.3
   毫米直径红色铜丝、2毫米直径
   红玛瑙珠、2毫米直径铜隔珠、
   蚕丝线备用。

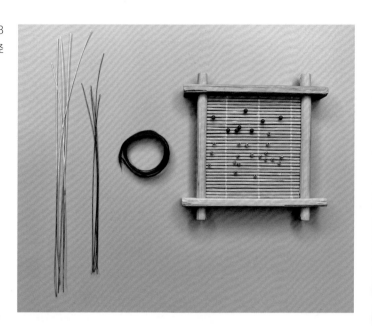

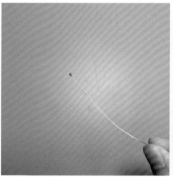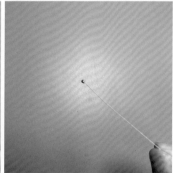

2. 将0.2毫米直径保色铜丝穿过2毫米直径铜隔珠后对折，之后将铜丝拧成麻花状固定。

3. 重复步骤2的操作制作好若干铜
   珠花丝备用。

4. 剪下5根红色铜丝，用蚕丝线在距离铜丝顶端1厘米左右位置开始向下缠绕。

5. 一边缠绕线一边加入制作好的铜珠花丝，加入花丝时注意要错落有致，使花蕊整体更自然。

6. 加入的铜珠花丝顶端达1厘米左右长度后，用线缠绕剩余铜丝至末尾。

7. 使用镊子将顶端红色铜丝分散开。

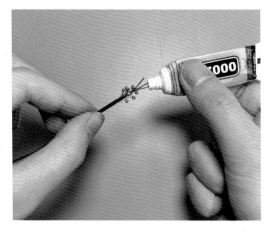 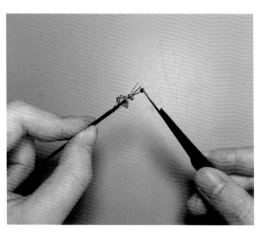

8. 在每根铜丝顶端涂珠宝胶。

9. 涂好珠宝胶后依次粘上2毫米直径红玛瑙珠。

10. 粘好花蕊后放置在一旁晾干固定，再将整根长花蕊弯出弧度备用。

11. 使用辑珠花瓣（见67页）缠花技巧制作出10片辑珠花瓣备用。

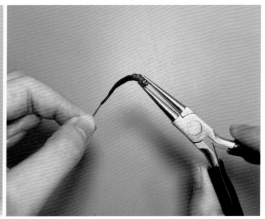

12. 使用圆嘴钳将所有花瓣拗出弧度。

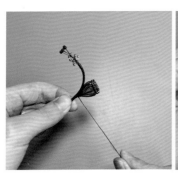

13. 依次加入花瓣，围绕花蕊，用线缠绕组装好。

14. 组装好两朵扶桑花备用。

15. 将兰花螳螂各部分缠好并染色备用。

16. 取出后腿的两片缠花并排摆放，用蚕丝线缠绕组装到一起。

17. 在铜丝上缠0.5厘米左右。

18. 加入前腿的两片缠花，注意前腿需比后腿分开得更多。

19. 用线固定之后收尾，放置到一旁等待组装。

20. 准备一根0.3毫米直径铜丝，对折好备用。

21. 将铜丝贴合兰花螳螂背部渐变部分花片，用线缠绕固定在一起。

22. 加入两侧花片，放置在第一片下方，同样用线缠绕固定好。

23. 加入前肢部分固定。

  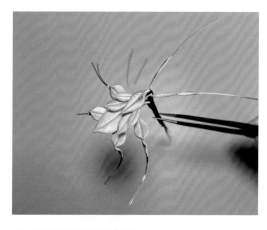

24. 依次加入剩下的两侧花片与身体部分固定。

25. 取出组装好的腿部花片，放置在身体部分下方，铜丝重叠捏住。

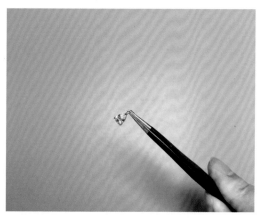

26. 用线组装好后正常收尾。

27. 准备一颗水滴状锆石珠。

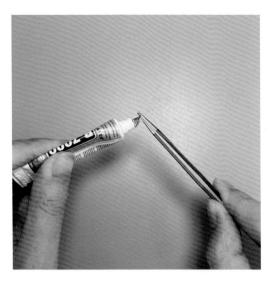

28. 在锆石珠背面涂上珠宝胶。

29. 将锆石珠粘贴在兰花螳螂固定的铜丝上方,作为螳螂头部。

30. 使用圆嘴钳将前肢部分向下弯曲呈收起状态。

31. 使用圆嘴钳将所有腿部铜丝弯出向上的弧度。

32. 用剪钳剪去多余铜丝。

33. 兰花螳螂的触须根据个人喜好修剪至合适的长度。

34. 兰花螳螂部分制作完成。

35. 准备制作好的扶桑花、兰花螳螂和镶珠铜丝。

36. 将两朵扶桑花错开摆放，花蕊部分朝上，使用蚕丝线组装到一起。

37. 用指腹将枝干部分拗出弧度。

38. 在适当的位置加入盘成圆环的镶珠铜丝固定好。

39. 加入兰花螳螂，拗出趴在圆环
之上的造型。

40. 使用无痕收尾技巧收尾，之后
使用塑头钳将收尾部分回弯到
枝干上。

41. 取出U钗与缠花等待组装。

  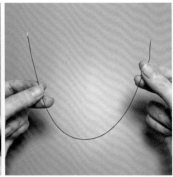

42. 将蓝色蚕丝线缠绕在0.4毫米直径铜丝上,制作好约10厘米长的包线铜丝。

43. 将缠花枝干贴合在U钗上,两
   只手分别捏住包线铜丝两端。

44. 用包线铜丝将二者缠绕固定在一起。此处需注意拉紧铜丝,使二者之间无缝隙,不松动。

45. 包线铜丝两端互相缠绕打一个漂亮的结。

46. 作品制作完成。

萤灯－萤火虫
*

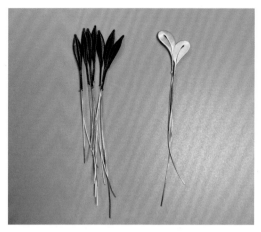

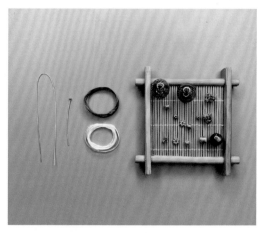

1. 缠好所需要的花片备用，分别为十片棕褐色叶子、两片白色翅膀。

2. 准备好4毫米直径的雪花片配件、球针、水滴玻璃球、蚕丝线、花托、2~5毫米直径珠子与一段0.4毫米直径的铜丝。

3. 使球针头与铜丝中间部分齐平。

4. 捏住铜丝与球针柄贴合的一端，另一端铜丝绕球针两圈固定。

5. 将绕好的铜丝下弯与球针柄重叠在一起，加固并延长球针。

6. 将铜丝穿过雪花片配件。

7. 使雪花片贴合球针头，组成小团花造型。

8. 将铜丝穿进水滴玻璃球。

9. 拉紧铜丝使水滴玻璃球贴合在雪花片上。

10. 用蚕丝线在铜丝上缠绕一小段固定后，加入一片缠好的棕褐色叶子绑好。

11. 依次加入四片叶子，使叶子底部贴合在一起，叶尖呈开放状包裹水滴玻璃球。

12. 组装好后正面是花苞状的造型。

13. 在花苞的底部涂少量珠宝胶。

14. 穿入一个花托增加整体造型的精致感，同时防止花片移位。

15. 用同样的方法制作好两枝花苞备用。

16. 剪下一段0.8毫米直径铜丝与一段0.4毫米直径铜丝。

17. 将两根铜丝并拢。

18. 使用蚕丝线在铜丝中间部分缠绕约1厘米。

19. 将缠好线的部分用钳子辅助对折。

20. 继续用线缠绕一小段。

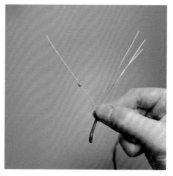

21. 挑出其中一根0.4毫米直径铜丝。

22. 穿入2~5毫米直径的珠子，珠子具体尺寸可以根据个人喜好选择。

23. 剩余的铜丝用线缠到和珠子直径相同的长度。

24. 将挑出的铜丝放回贴合其他铜丝后用线缠紧，固定住穿好的珠子。

25. 使用同样的方法加入不同尺寸的珠子，完成一根花枝的制作。

26. 做好一长一短两根花枝备用。

27. 在0.4毫米直径铜丝上穿进一颗2毫米直径铜珠。

28. 将铜丝对折，铜珠保持在中间位置。

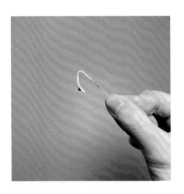

29. 把铜珠与缠好的萤火虫翅膀贴合，用蚕丝线固定住铜丝部分。

30. 用同样的方法制作出对称的两片翅膀。

31. 使用钳子辅助将萤火虫翅膀拗出图所示弧度备用。

32. 准备一颗8毫米直径的大孔径珠子作为萤火虫的身体。

33. 把两片翅膀穿入珠子的孔内，使翅膀贴合在珠子上。

34. 调整一下翅膀弧度，微微向下弯，使作品更有立体感。

35. 将铜丝穿过一颗3毫米直径的珠子后对折固定。

36. 把铜丝穿入两片翅膀中间的空隙和大珠子孔内。

37. 这样就完成了萤火虫脑袋部分的制作。

38. 另外剪两根0.4毫米直径铜丝穿入孔内制作触须。

39. 使用圆嘴钳给铜丝拗出卷度，形成向上的弧度。

40. 尾部的铜丝用蚕丝线绑好固定在一起，这样一只萤火虫就制作完成了。

41. 准备一个大弯U钉的主体备用。

42. 用塑头钳将主体一端拗出弧度。

43. 把两枝花苞一上一下错开，用蚕丝线缠绕固定在一起，使花苞看起来更有层次感。

44. 缠绕至图所示位置后加入拗
好造型的主体继续向下缠绕
固定。

45. 在主体圆弧边缘位置加入制作
好的萤火虫固定。

46. 在适当位置加入两根花枝，将
花枝拗出流畅的弧度半包裹萤
火虫。

47. 将剩下的铜丝与主体贴合，用
蚕丝线缠绕。

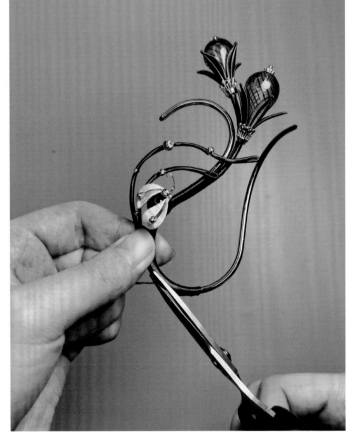

48. 使用无痕收尾技巧收尾。

49. 用剪刀剪去多余的线，完成制作。

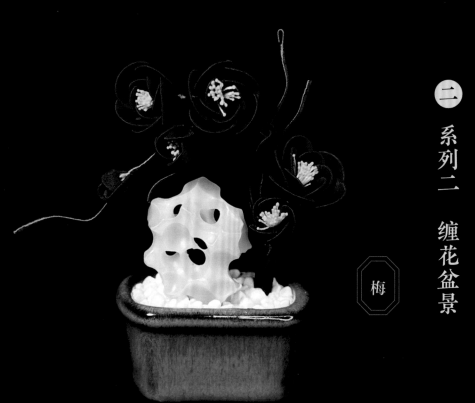

二

系列二　缠花盆景

梅

兰
*

1. 依照图纸缠好若干叶片与花瓣，
   准备一束翻糖花蕊备用。

2. 取出大、小尺寸兰花瓣各三片，
   三根翻糖花蕊。

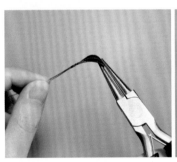

3. 使用圆嘴钳，将花瓣拗出弧度。

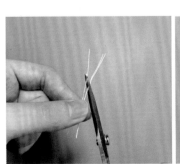

4. 将翻糖花蕊从中间剪断，取用其中一端。

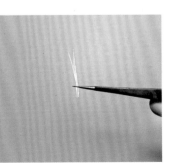

5. 使用与叶片同色蚕丝线将小片异
   色花瓣与翻糖花蕊绑到一起。

6. 加入另外两片小花瓣，组装成内　　7. 在三片小花瓣的间隔处依次加入大花瓣，花瓣外翻。
　　弯的造型。

8. 用线缠绕枝干至末端，一朵兰花　　9. 使用圆嘴钳将一片异色小花瓣弯成卷曲的半圆弧造型。
　　制作完成。

10. 加入翻糖花蕊与另外两片小花
　　瓣、一片大花瓣，制作花苞。

11. 制作好两朵兰花与一个花苞。

12. 部分叶片使用珠子围边技巧制作，给作品增添更多样的元素。

13. 用指腹为叶片拗出各不相同的弧度。

14. 将花苞与其中一朵兰花组装到一起，使花苞侧着摆放，一高一低，左右微微错开。

15. 在正面加入第三朵兰花，继续缠绕一段枝干。

16. 加入叶片，结合兰花的造型组装至适当位置。

17. 依次在背面与侧面加入合适的叶片。

18. 组装好所有叶片后向下缠绕一段枝干,使用无痕收尾技巧进行收尾。

19. 兰花部分制作完成。

20. 准备一个长方口花盆与一块裁切好的花泥。

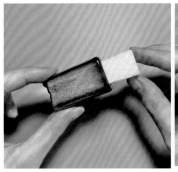

21. 将花泥放入花盆内,花泥顶至盆口约0.5厘米。

22. 将制作好的兰花枝干插入花泥中固定好。

23. 准备一些直径1~3毫米的白色
    石子。

24. 将石子加入花盆内盖住花泥部   25. 兰花盆栽制作完成。
    分，使盆栽更加美观。

竹

菊

三角梅

*

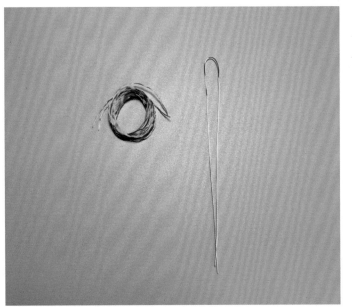

1. 准备一段0.4毫米直径铜丝与南瓜色蚕丝线。

2. 将铜丝一端留出一部分后，把线缠绕在铜丝上。

3. 用手或用平口钳辅助，将缠好线的铜丝回折后缠线固定，重复该操作，制作出三个折角。

4. 将弯折好的铜丝缠绕收尾后，用手给尖端部分拗出外翻的弧度。

5. 制作好若干花蕊与花瓣备用。

6. 使用棕色蚕丝线组装拗好弧度的花瓣与花蕊。

7. 在制作好的三角梅花朵枝干上缠绕一小段线后收尾，放置到一旁等待组装。

8. 用同样的方法制作出若干花朵，将0.6毫米直径铜丝对折制作出一些枝条。

9. 使用棕色蚕丝线将两根枝条组装到一起。

 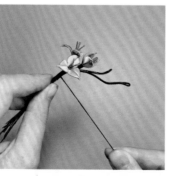

10. 依次加入三朵三角梅花朵，再继续往下缠绕枝干，注意下方枝干处不需要剪断铜丝，维持正常粗细即可，这样制作出来的枝干会更加真实。

11. 缠至合适的长度后暂时收尾，使用塑头钳为枝干拗出弧度。

12. 将三角梅花枝弯折至图所示角
    度后放置到一旁等待组装。

13. 用同样的制作方法组装好剩下
    的花枝。

14. 将三角梅分组，每组1~3朵花，
    分别制作成图所示造型。

15. 将两组较长的花枝合并缠绕在一起。

16. 使用塑头钳弯折两段枝干，拗出回弯造型。

17. 剩下的三组花枝也依次加入，组装时尽量使枝干走向自然、美观。

18. 将剩余枝干缠好后，使用无痕收尾技巧进行收尾。

19. 准备一个六角花盆与一块裁切
　　好的花泥。

20. 将花泥放进花盆内，花泥放置好后顶部距盆口0.5厘米左右。

21. 将制作好的三角梅花枝插入花
　　泥中固定好。

22. 准备一些直径1~3毫米的白色
　　石子。

23. 用石子覆盖花泥部分，使盆栽更加美观。三角梅盆栽制作完成。

水仙

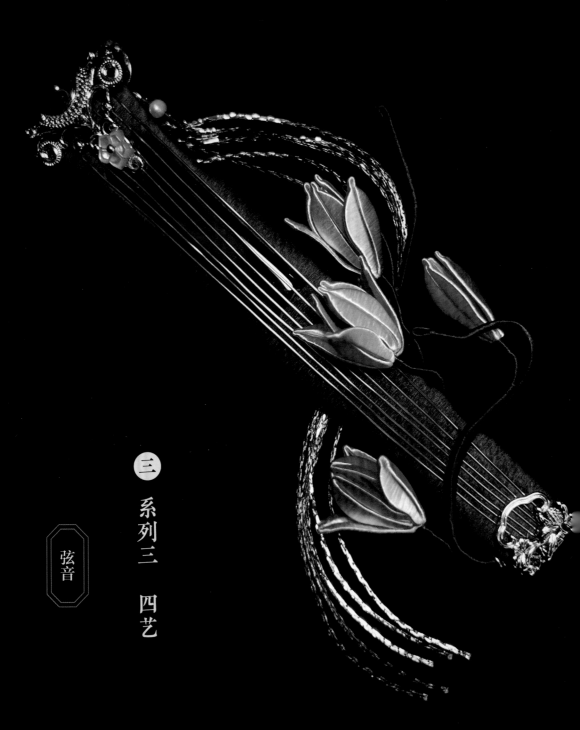

三 系列三 四艺

弦音

相思断

*

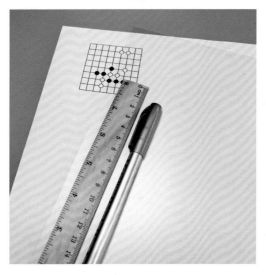
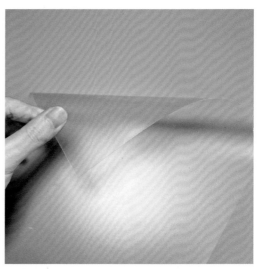

1. 准备好0.3毫米厚度磨砂PVC一片、尺子、银色金属油漆笔与棋盘示意图。

2. PVC片为一面光滑一面磨砂质感，使用磨砂质感的一面进行绘制。

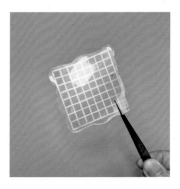

3. 将PVC片覆盖在棋盘示意图上，使用尺子与金属油漆笔描绘出棋盘形状。注意每画好一笔稍微暂停几秒，等待笔迹干后再画下一笔，以防弄花绘制好的部分。

4. 将绘制好的棋盘用剪刀剪下并修出造型，用UV胶进行封层固化。（注：如没有UV胶与工具可不进行封层。）

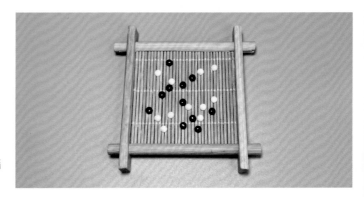

5. 准备若干直径为4毫米的黑玛瑙戒面与白玉戒面作为棋子。

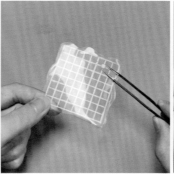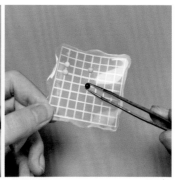

6. 将珠宝胶点涂在制作好的棋盘上，依照示意图摆放棋子并固定。（注：也可依照个人喜好按照其他布局进行摆放。）

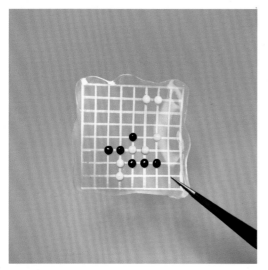

7. 棋盘部分制作完成。

8. 将蝴蝶翅膀花片用黑色蚕丝线缠好备用。

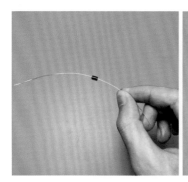

9. 将0.4毫米直径保色铜丝穿过一颗红玛瑙桶珠之后对折。

10. 将红色蚕丝线在0.3毫米直径铜丝上缠绕约3厘米。

11. 将缠好的铜丝在红玛瑙桶珠上绕两圈，铜丝尾部合并到一起。

12. 依次加入缠好的蝴蝶翅膀部分，同样使用红色蚕丝线固定组装好。

13. 准备两段0.3毫米直径保色铜丝，固定在蝴蝶前端作为触须。

14. 使用剪钳剪去多余铜丝。

15. 在触须末端涂上珠宝胶，粘两颗2毫米直径红玛瑙珠点缀。

16. 用同样的方法制作出另一只白色蝴蝶。

17. 将两只蝴蝶用无痕收尾技巧进行收尾。

18. 将收尾部分用塑头钳弯折九十度后涂上珠宝胶。

19. 依照图片所示将两只蝴蝶粘贴在棋盘上。

20. 准备一根较长的0.4毫米直径铜丝，使用红色蚕丝线在中间部分缠绕一小段后将铜丝对折，之后继续往下缠。

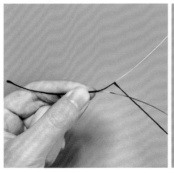 

21. 缠绕至铜丝中间部分后将两端分开，只缠绕其中一端，另一端穿入一颗相思豆。

22. 将铜丝重新合并到一起，缠绕
    至末尾。

23. 将缠好的铜丝弯成"S"形，
    两端分别绕在固定好的两只蝴
    蝶底部。

24. 翻至正面调整造型。

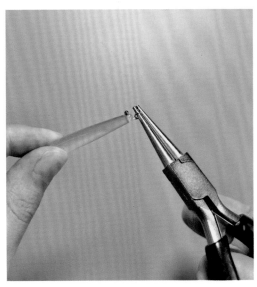

25. 用球针穿过一个长水滴状玛瑙并固定好备用。

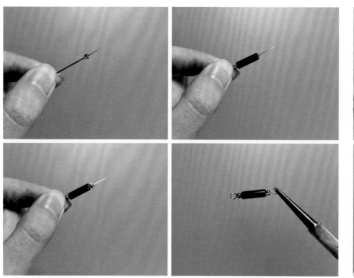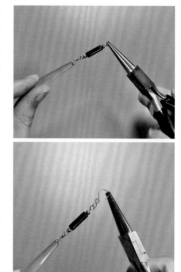

26. 在九针上穿入两颗3毫米直径铜珠与一颗红玛瑙圆柱珠，之后用圆嘴钳回弯收尾。

27. 将前面制作好的两部分连接到一起，再加入一个穿好3毫米直径珠子的九针，制作出流苏坠子。

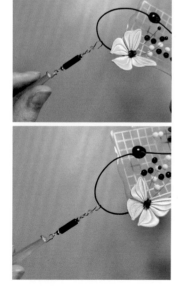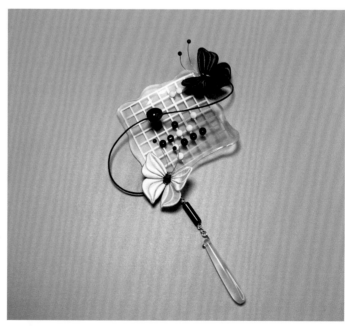

28. 把制作好的流苏坠子挂在红线位置，夹紧圆圈固定。

29. 缠花"相思断"制作完成。

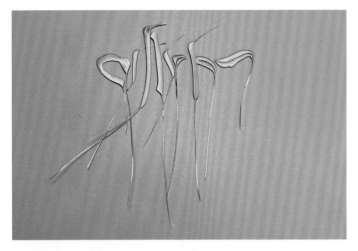

1. 将"書"字卡纸用0.4毫米直径保色铜丝与蚕丝线缠好。

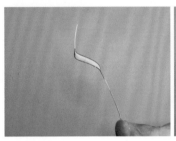

2. 使用迷你钳辅助将花片两端铜丝向背面弯折贴合。

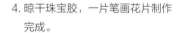

3. 使用剪钳剪去多余铜丝，在铜丝两端涂好珠宝胶固定。

4. 晾干珠宝胶，一片笔画花片制作完成。

5. 重复步骤2~步骤4的操作，将所有笔画花片制作好。

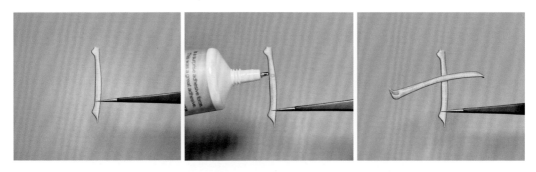

6. 取出笔画是"竖"的花片，在笔画相交位置涂好珠宝胶，粘上"横"笔画，放置一旁等待晾干。

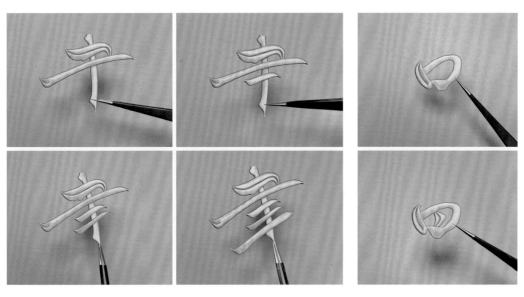

7. 依照图所示顺序，将笔画花片依次粘好固定，"書"字上半部分完成。

8. 字的下半部分使用同样的方法将笔画花片粘好固定。

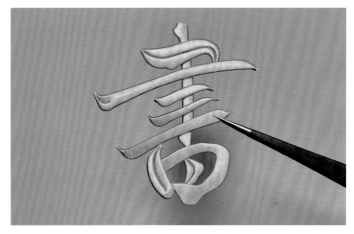

9. 将"書"字上下部分粘贴到一起，组装成一个完整的字。

 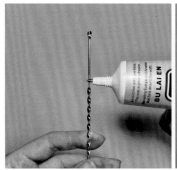

10. 准备好"書"字缠花、三朵小
绒花。使用"缠花创意制作技
巧"里的制作手法，制作好烟
花花朵、立体间色花朵与小
雏菊。

11. 取出一支耳挖簪主体，在图所示一段主体上涂珠宝胶固定好"書"字
缠花。

 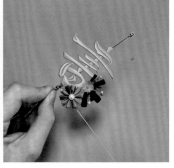 

12. 在"書"字缠花右下侧依次加入烟花花朵与小雏菊，用蚕丝线缠绕
固定。

13. 主体中间位置加入一朵小绒花
遮挡。

14. 在"書"字缠花左下侧加入立
体间色花朵固定，之后使用无
痕收尾技巧进行收尾。

15. 取出一个小花朵铜配件，将铜配件贴合在缠花末尾处，用平口钳夹紧
固定。

16. 使用珠宝胶将一朵小绒花固定在"書"字左侧加以点缀。

17. 缠花"妙笔"制作完成。

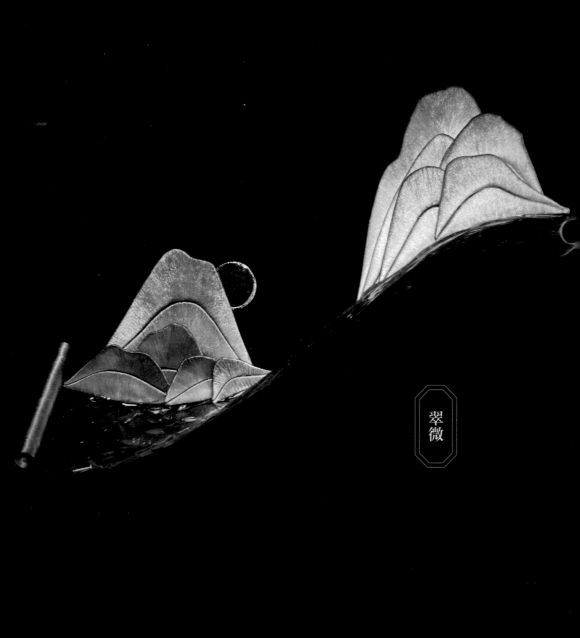

翠微

四　系列四　游园

牡丹亭　*

亭子

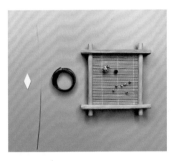

1. 准备制作亭子顶部需要的卡纸、0.6毫米直径铜丝、花托配件与蚕丝线。

2. 剪下约10厘米长0.6毫米直径铜丝，将菱形卡纸放置在铜丝中间位置，使用蚕丝线开始缠绕。

3. 缠至卡纸中间位置时注意将线捋平，以防后续制作造型时滑线。

4. 缠完整片花片。

5. 将缠好的花片对折，注意此处有铜丝的一面需为内侧，铜丝两端重叠贴合在一起。

6. 使用剩下的线缠绕铜丝后打结，将铜丝固定在一起。

7. 在打结处涂白乳胶加固。

8. 剪去多余的线。

9. 使用平口钳将其中一根铜丝拗至贴合花片侧面。

10. 铜丝在超出花片3毫米处回弯至花片尾部。

11. 贴合尾部将铜丝向上掰约60度。

12. 将另一根铜丝贴合花片底部中间位置弯折，尽量让铜丝与花片间没有缝隙。

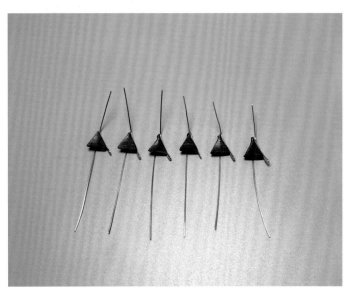

13. 用同样的方法制作好6片花片备用。

14. 拿起两片花片将顶部铜丝贴合在一起，用线缠绕绑好。

15. 加入第三片花片，注意尽量使侧面平整贴合。

16. 组装好三片花片后打结加固，这样就完成了亭子顶部一半的制作。

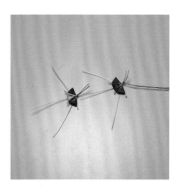

17. 用同样的方法制作出亭子顶部的另一半。

18. 使用剩下的线将两边顶部铜丝缠绕固定在一起。

19. 固定好之后剪去多余的线。

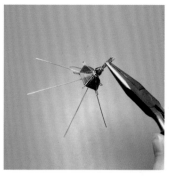

20. 取用花托配件，在花托内部涂抹珠宝胶。

21. 将花托穿入顶部铜丝，遮挡住顶部缠线部分，放置一旁晾干。

22. 将另一端铜丝用平口钳捋直。

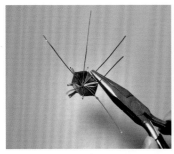

23. 使用平口钳将花片边缘处铜丝依次弯折至与边缘垂直。

24. 此处剩下的铜丝应保持在每一片花片中间位置，为后续制作起到支撑作用。

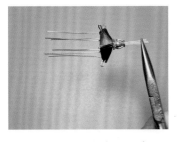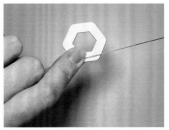

25. 亭子顶部制作完成，顶部铜丝暂且保留方便拿取。

26. 使用刻刀刻出亭子中层部分卡纸。

27. 将线用一只手捏住贴合卡纸背面，转回到正面开始缠绕。

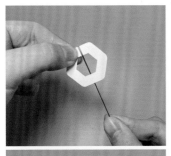

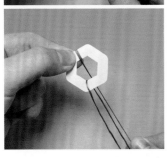

28. 将线穿过卡纸中间的孔后从背面拉出，往捏住的线头方向缠绕，重复此操作。

29. 缠绕时注意绕一圈抈一次线，以保证作品的平整度。内圈缠线稍微重叠，外圈线整齐缠完。

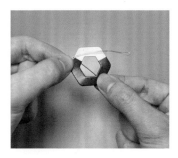

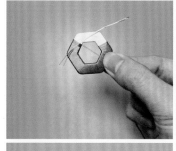

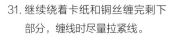

30. 剩下三分之一卡纸时，在背面加入一段对折的0.3毫米直径铜丝，以便最后进行无痕收尾。

31. 继续绕着卡纸和铜丝缠完剩下部分，缠线时尽量拉紧线。

32. 缠完整体后用手捏住收尾部分不松开，将线头穿进对折铜丝孔内。

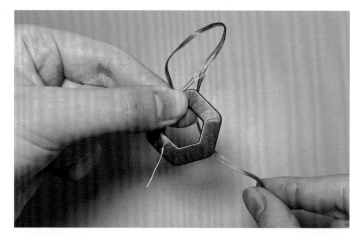

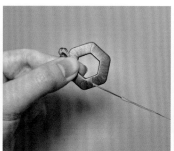

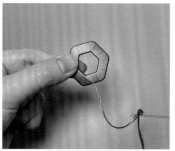

33. 用平口钳夹住铜丝没穿线的一端，拉出铜丝将线头从另一端带出。

34. 拉直线后，使用剪刀剪去多余的线。

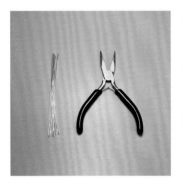

35. 线末尾处用白乳胶加固，这样就得到一个双面平整的亭子中间层。

36. 准备12根长10厘米、直径0.6毫米的保色铜丝与平口钳。

37. 拿出其中两根铜丝合并到一起，按照图所示方向穿过缠好的亭子中间层。

38. 将铜丝与花片转角贴合，用平口钳将铜丝对折夹扁至贴合花片。

39. 夹住一侧铜丝在花片内侧2毫米处弯折90度。

40. 另一侧铜丝在花片边缘处，同样弯折90度。

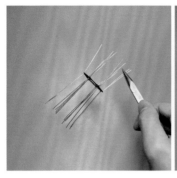 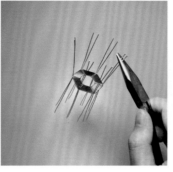 

41. 用同样的方法在花片的6个转角装好铜丝充当支柱。

42. 在铜丝靠内侧的一边涂上珠宝胶加固，放置一旁晾干。

43. 晾干胶水后，将一颗0.3毫米直径铜珠穿过靠外侧的两根铜丝。

 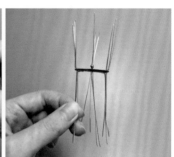

44. 在铜丝距花片2.5厘米的位置做好标记，用剪钳剪去多余铜丝。

 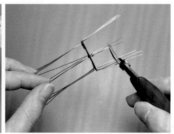

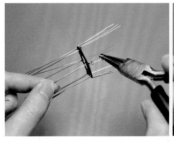  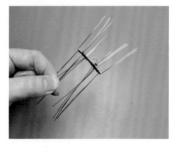

45. 用圆嘴钳将其中一根铜丝弯出一个小圆圈。

46. 夹住小圆圈把铜丝整体向下弯，做出一个半圆的造型。

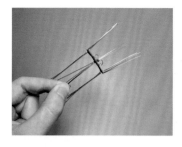

47. 使用同样的方法将另一半的铜丝弯好造型。

48. 重复前面的步骤将一侧铜丝都拗好造型，制作成围栏。

49. 取出亭子顶部，在铜丝距花片1.5厘米处剪断。

50. 剪好所有的铜丝，长度保持一致。

51. 在铜丝尾端5毫米处使用平口钳将铜丝向外弯折90度。

52. 弯好全部铜丝后可以放置至桌面，调整在同一水平面上。

53. 将亭子顶部的铜丝倾斜套进中层部分，需耐心缓慢操作以防铜丝变形。

54. 把亭子顶部的铜丝弯折部分贴合中层铜丝内角位置，使6个角与铜丝对应上。

55. 使用珠宝胶将顶部与中层铜丝
贴合部分粘在一起，放置一旁
晾干。

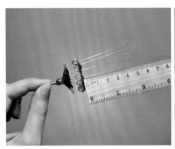  

56. 晾干后把中层另一端铜丝剪至2.5厘米的长度。

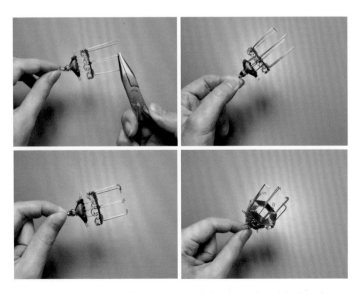 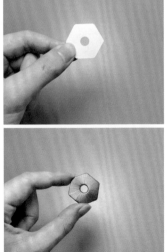

57. 在铜丝尾端5毫米处用平口钳将铜丝向内弯折90度，弯好之后放至一
旁备用。

58. 用刻刀刻出亭子底部卡纸，使
用与亭子中层一样的缠法制作
好亭子底部。

59. 将亭子底部花片倾斜放入亭子内部，调整位置至六个外角贴合铜丝。

60. 铜丝与花片贴合部分同样使用珠宝胶加固并晾干。

61. 用剪钳贴合花托将亭子顶部铜丝剪至剩一根。

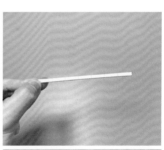

62. 在铜丝上涂珠宝胶后，穿入一颗3毫米直径的珠子作为点缀。

63. 用剪钳剪去多余铜丝，等待胶水干燥。

64. 剪好亭子围边，依照标记处折弯卡纸，使卡纸两端重叠在一起。

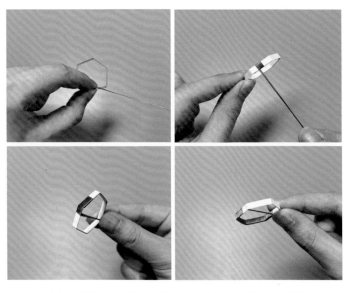

65. 依照亭子中层的缠法，捏住重叠部分，从围边重叠部分开始缠绕。

66. 在最后四分之一处加入0.3毫米直径的铜丝进行无痕收尾。

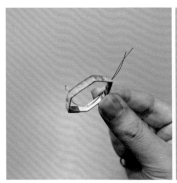
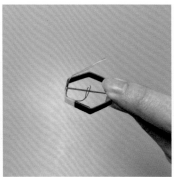

67. 调整铜丝位置，尽量把收尾铜丝放置在围边内侧，这样收尾后看不到线头，会更加美观。

68. 缠完整个围边后将多余的线穿过铜丝拉出，做好收尾。

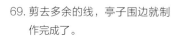

69. 剪去多余的线，亭子围边就制
　　作完成了。

70. 把底部的围边稍微捏扁后放入亭子内部，调整至与底部花片贴合。

71. 使用珠宝胶粘好底部花片与围
　　边连接位置，亭子就制作完
　　成了。

牡丹亭组装

1. 将牡丹亭的花瓣、叶子、亭子部分制作好备用，再准备一个花托和一颗珠子。注：花瓣使用的卡纸花型与尺寸
   可根据个人喜好调整。

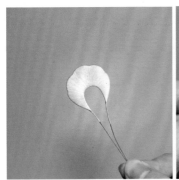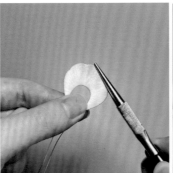

2. 拿出一片牡丹花瓣，使用圆嘴钳夹住花瓣边缘处，微微向下弯曲，给花瓣外缘拗出弧度。

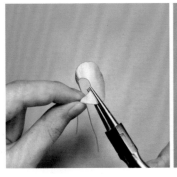

3. 用圆嘴钳夹住花瓣，使花瓣中间部分略微下凹，给花瓣做出自然绽放的
   效果。

4. 将所有的花瓣拗出不同的弧度，
   等待组装。

5. 在0.4毫米直径铜丝上穿入一颗直径7毫米左右的馒头珠,将铜丝两端并拢后调整铜丝至贴合馒头珠底部。

6. 将绑好铜丝的珠子穿入花托中固定。

7. 将花托倾斜放入制作好的亭子中,铜丝部分穿过亭子底部圆孔。

8. 拉紧铜丝让花托与亭子底部贴合,使花托遮挡到亭子底部,美观的同时也增加了整体立体感。

9. 将亭子当作花蕊部分,取出尺寸第二大的牡丹花瓣,用蚕丝线将花瓣和亭子底部铜丝组装到一起。

10. 依次加入花瓣，直至围绕亭子底部一圈。

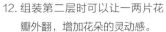

11. 依次加入大一号花瓣组装，做出花的第二层。

12. 组装第二层时可以让一两片花瓣外翻，增加花朵的灵动感。

13. 第三层按照同样的方法组装，调整花瓣造型。

14. 最后一层使用最大号花瓣，做出盛开的造型，牡丹亭的主花制作完成。

15. 使用剪刀将小头翻糖花蕊斜着剪开，合并到一起后捏住。

16. 用0.4毫米直径铜丝缠绕两圈固定好花蕊。

17. 将最小号的花瓣使用一片叠一片的方法围绕花蕊组装，做出花苞造型。

18. 加入其他尺寸的花瓣，给花朵增加层次感。一朵小的牡丹花制作完成。

19. 将剩下的花瓣根据个人喜好进行组装，做出四朵形态各异的牡丹花。

20. 取出两片牡丹叶与一个牡丹花苞。

21. 用与叶子同色的蚕丝线将两部分组装到一起，缠至枝干末端收尾，剪去多余的线。

22. 将叶子拗出弧度，放置一旁等待下一步组装。

23. 将剩下3朵牡丹花与叶子组装到一起，做出一个大花枝。

24. 花枝尾部回弯后使用无痕收尾技巧进行收尾。

25. 花枝组装完成。

26. 将步骤22的牡丹花苞与牡丹亭主花组装到一起。

27. 调整好两个花枝的造型。

28. 取出一个支撑花枝的镂空底座。

29. 使用塑头钳将花枝枝干弯至贴合底座的弧度。

30. 将花枝与底座贴合，使用珠宝胶固定。

31. 固定好后调整花苞与叶子位置。

32. 另一枝主花同样使用珠宝胶固定在底座侧面位置。

33. 在叶片与花瓣上粘上珍珠点缀。

34. 造型细节处稍做调整，牡丹亭摆件就制作完成了。

藕花深处

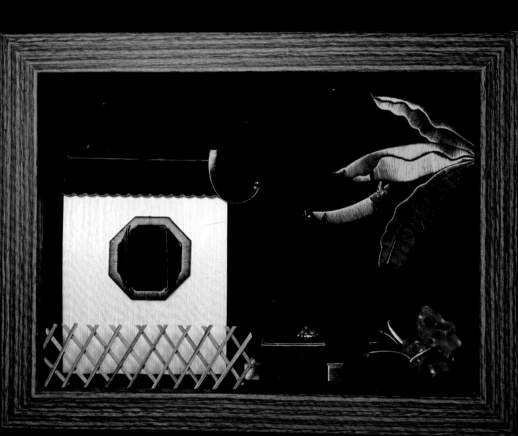

焦窗夜雨

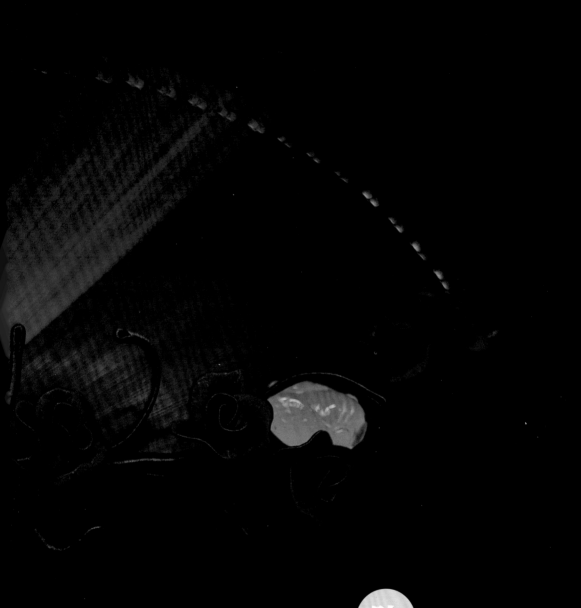

陆

其他作品欣赏

无尽意

拒霜

颂
晚

停
云

月下影

紫菀

仿古侧凤

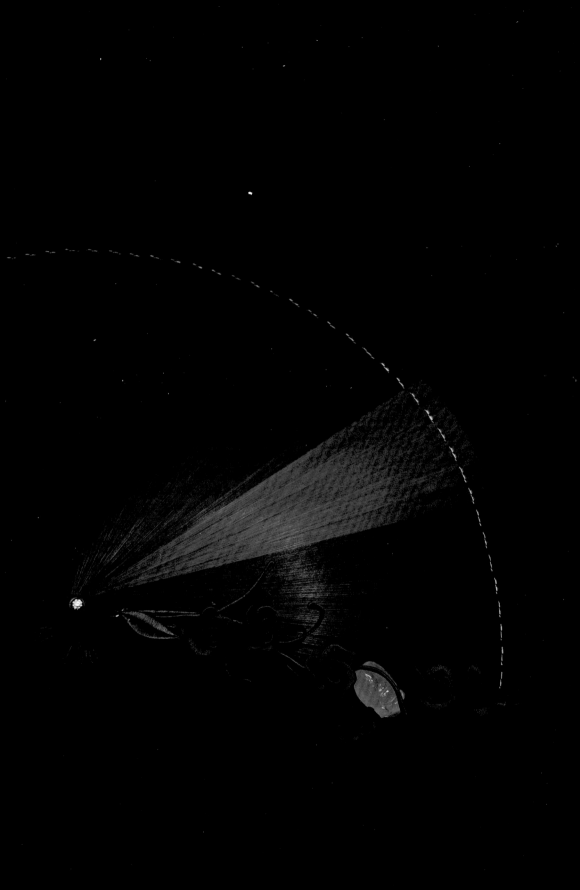

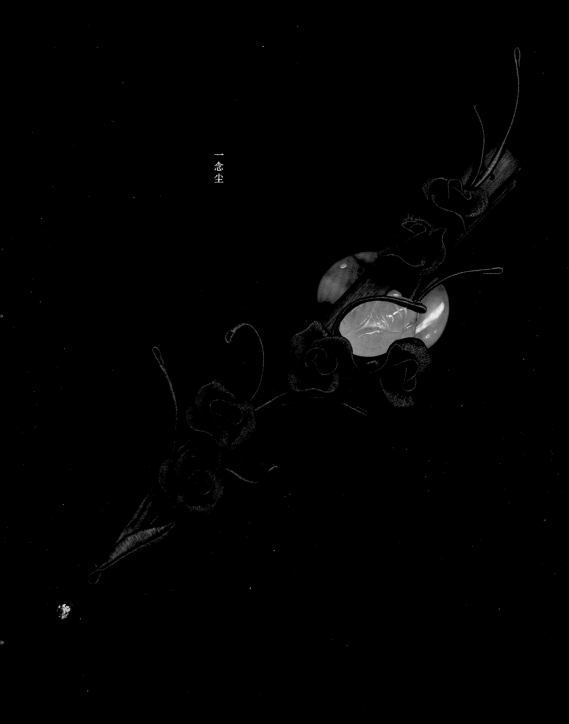

一
念
尘

掠月

残荷